Impressum

Köglstraße 14, A 4020 Linz

Grafiken: Dr. Alfons Stadlbauer
Co-Autorin (Kapitel Draw your story!): Pia Maria Stadlbauer
Gestaltung: Bettina Victor und Adelheid Hinterkörner
Umschlagfotos und Fotos im Buch:
Markus Schneeberger, Linz, www.markus-schneeberger.at
Lektorat: Karin Schuhmann, Dr. Regina Jaschke
Gesamtherstellung:
Gutenberg-Werbering Gesellschaft m.b.H.,
Anastasius-Grün-Straße 6, 4020 Linz

ISBN 978-3-99062-950-5

DRAW iT!

Mit einfachen Strichen zum Erfolg – analog und digital

Flipcharts ● Sketchnoting ● Visuelle Moderation ● Storydrawing

Eigentlich war ich Feinmechaniker

Nachdem ich meine Abschlussprüfungen für die Berufe Feinmechaniker, Mechaniker und Elektromechaniker für Schwachstrom (Berufe, die es in dieser Form heutzutage gar nicht mehr gibt) geschafft hatte, erlernte ich die hohe Kunst der Elektronik. Nach einigen Jahren hatte ich auch dieses Thema ganz gut drauf und führte mit Begeisterung viele Trainings und Fachseminare durch. Doch nach zehn Jahren war die Luft raus und das Feuer, das ursprünglich wie in einem Hochofen in mir brannte, wurde zu einer Sparflamme.

So lag ich eines Tages im Schatten einer mexikanischen Palme auf einer Liege und dachte über meine Seminare nach. Plötzlich zuckte dieser Gedanke durch mein Gehirn: „Ich möchte einmal im Leben ein tolles Flipchart zeichnen können." Dabei gab es aber ein Problem, besser gesagt drei Probleme: Ich konnte noch nie zeichnen, habe eine unleserliche Schrift und bin absolut nicht kreativ. Das wusste ich ganz genau, schließlich begleiteten mich ja diese Glaubenssätze bereits seit dreißig Jahren.

Der Gedanke an ein kreatives Flipchart ließ mich jedoch nicht mehr los und so zeichnete ich bei jeder Gelegenheit. Autodidaktisch erlernte ich Strich für Strich und meine Techniker waren begeistert. 1999 hielt ich mein erstes Flipchartseminar und bekam dabei viele neue Visualisierungsideen von meinem Publikum. Das ermöglichte mir, im Jahr 2006 mein erstes Buch zu veröffentlichen. In der Zwischenzeit studierte und promovierte ich und konnte meine Zeichentechnik auch im universitären Bereich zielführend einsetzen, speziell, wenn es darum ging, komplexe Themen visuell auf den Punkt zu bringen. 2010 beendete ich meine 25-jährige Beamtenlaufbahn (Kreativität und Beamtendenken – schwer vereinbar) und widme mich nun zu hundert Prozent diesen Themen: punkt.genau Visualisieren, Präsentieren und Moderieren. Viele positive Rückmeldungen ermunterten mich, diesen Weg weiterzugehen. Sie sehen also, was Zeichnen bewirken kann.

» Entdecken Sie Ihr kreatives Potenzial! Setzen Sie Ihre zeichnerischen Fähigkeiten gewinnbringend ein und bringen Sie Ihre Ideen visuell auf den Punkt! «

Zum Aufwärmen

Menschliche Gehirne sind nicht zum Auswendiglernen gebaut, menschliche Gehirne rekonstruieren Informationen. Symbole und Bilder sind viel schneller erfassbar als Texte und bleiben lange im Gedächtnis gespeichert. Daher ist der Einsatz von Visualisierungen in der Informations- und Wissensvermittlung ein unverzichtbares Muss! Wichtig dabei ist neben einer hohen Qualität auch die Einzigartigkeit Ihrer Visualisierungen.
Kopierte Bilder und Cliparts sind Produkte von der Stange. Wer will schon im gleichen Kleid oder Hemd herumlaufen wie die Nachbarin oder der Kunde? Sie sind einzigartig, daher sollte es auch Ihre Präsentation sein. Unabhängig vom Medium, ob analog oder digital, mit wenigen Strichen peppen Sie Ihre Präsentation auf und machen Ihre Visualisierungen zu einem echten Hingucker.

„Zeichnen Sie mit wenigen Strichen Ideen, Inhalte und Stories!“

Ich zeige Ihnen, wie Sie Fachbegriffe, Prozesse, Strategiebilder und Storys mit wenigen Strichen wirkungsvoll darstellen können. Als die erste Auflage meines Bestsellers „Kreative Flipchartgestaltung“ erschien, gab es noch viele Zweifler/innen und Kritiker/innen. Diese waren rückwirkend gesehen auch sehr wichtig für mich, um meine Visualisierungskonzepte weiterentwickeln zu können. Heute sind diese Kritiker/innen sehr leise geworden, denn meine Publikationen haben in der Wirtschaft große Erfolge aufzuweisen. Über 20 000 Exemplare sind bereits verkauft und positive Feedbacks aus vielen Teilen unserer Welt haben mich erreicht.
Nun ist es wieder an der Zeit, einen Schritt weiter zu gehen und Ihnen neue Visualisierungsideen und Impulse vorzustellen. Dieses Buch ist eine Weiterentwicklung von „Flipcharts for Business“ und soll einen Beitrag liefern, damit Sie künftig Ihren Erfolg steigern können.
Viel Freude beim Lesen, beim Entwickeln kreativer Visualisierungsideen und viel Freude bei der Umsetzung im täglichen Business.

Ihr
Alfons Stadlbauer

Let's DRAW

Unternehmen brauchen eine klar definierte Bilderwelt, damit ihre Botschaften an die Kundinnen und Kunden stimmig sind. Gleichzeitig lösen Bilder beim Betrachter Emotionen und Gefühle aus, welche die Affinität zum Unternehmen steigern. Daher ist es von großer Bedeutung, ein passendes Bildmaterial zu entwerfen, damit bei der nächsten Firmenpräsentation alles wie angegossen passt.

D irekt beobachtbar
R elevant
A ufmerksamkeit und Interesse weckend
W ertschätzend

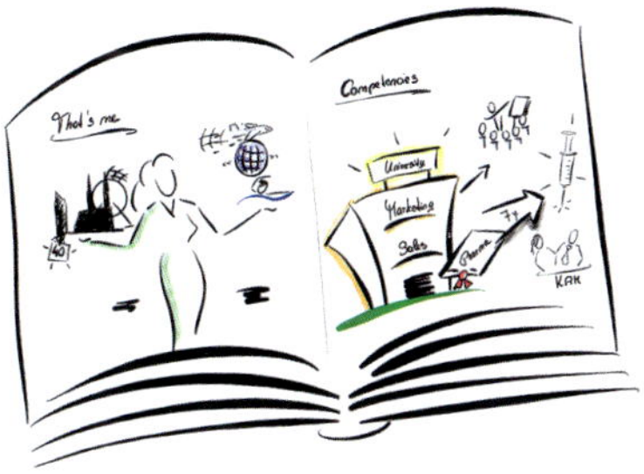

Lange Zeit schon sind sich Expertinnen und Experten darüber einig, dass bildhafte Darstellungen von Inhalten wesentlich für die Aufnahme und das Verstehen von Informationen sind. In jeder Form des Kommunizierens gehen die Bemühungen des Senders immer dahin, beim Empfänger möglichst ein klares Bild entstehen zu lassen.

» Bilder fördern die Verständlichkeit von Inhalten! «

Im Rahmen von Präsentationen und Moderationen kommt man daher kaum an Visualisierungen vorbei. Sie sind essenziell für die Informationsaufnahme und -verarbeitung und vor allem für die Aufmerksamkeit. So bringt es bereits Goethe auf den Punkt:

» Wir sprechen überhaupt zu viel,
wir sollten viel mehr zeichnen! «

Fördern Sie Kommunikationsprozesse!

Kommunikationsprozesse werden transparent, wenn Gesprächsverläufe und Ergebnisse visuell dargestellt werden. Vor allem bei Moderationen trägt dies zur Demokratisierung von Diskussions-, Meinungsbildungs- und Entscheidungsprozessen bei.

Wecken Sie Interesse und steigern Sie die Aufmerksamkeit!

Verständliche Visualisierungen bewirken eine hohe Aufmerksamkeit und fördern die Neugiermotivation. Warum? Weil sie sinnliche Reize bieten. Betrachten Sie eine Buchseite, die sowohl Text als auch Abbildungen enthält. Wohin fällt Ihr Blick zuerst?

Erzeugen Sie mit Ihren Bildern Emotionen!

Visualisierungen lösen emotionale Reaktionen wie etwa Lachen, Betroffenheit oder Nachdenklichkeit aus. Emotionen unterstützen den Behaltenswert von Informationen, weil Menschen Elemente der Wortsprache mit Elementen der Bildsprache verbinden. Besonders stark im Gedächtnis bleiben Informationen, die mit positiven Emotionen verknüpft werden.

Fördern Sie das Verstehen von Inhalten!

Das Erkennen und Verstehen eines Sachverhaltes wird durch Bilder stark unterstützt. Denken Sie etwa an Verkehrsschilder. Erklärungen der Wortsprache sind oft sehr viel umständlicher als bei der Bildsprache.

„Gehirne sind nicht zum Auswendiglernen gebaut! Gehirne rekonstruieren Informationen."

Zeichnen ist Quelle für Kreativität und Innovationen

Durch aussagekräftige Visualisierungen werden eigene und andere Sichtweisen verständlich. So entstehen Ideen und Impulse für innovative Produkte.

„Visuelle Sprache wirkt!“

Ein Bild einer zerstörten Umwelt lässt sich auch durch sprachliche Argumente nicht in seiner Aussagekraft verändern. Es wird selbst durch rege Umdeutungsversuche keine positive Stimmung erzeugen können. Mithilfe Ihrer Visualisierungen, live gezeichnet oder vorbereitet, können fachliche Inhalte und Ideen punktgenau dargestellt werden. Sie wecken damit das Interesse des Publikums, stellen den Nutzen Ihrer Präsentation dar und bekommen die volle Aufmerksamkeit.

Das bringt's – Ihr persönlicher Gewinn

Mit diesem Buch steigern Sie Ihre Methodenkompetenz

Fachkompetenz ist die Grundvoraussetzung, um einen guten Job machen zu können, aber heutzutage ist sie zu wenig. Es geht darum, Fachwissen dem Publikum leicht verständlich und nachhaltig vermitteln zu können. Dieses Ziel erreichen Sie durch die Reduktion von komplexen Inhalten in Verbindung mit einfachen Symbolen.

„Kompetenz zeigt sich durch Reduktion, nicht durch Konstruktion.“

Sie sparen Zeit

Mithilfe von ansprechenden, oft sekundenschnell gezeichneten Symbolen und Abläufen lassen sich komplexe Inhalte in kurzer Zeit wirkungsvoll vermitteln.

Sie schaffen Klarheit und führen Entscheidungen herbei

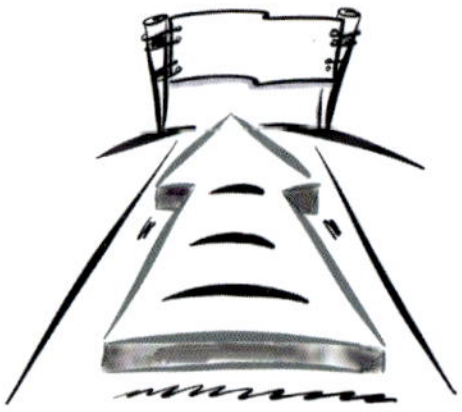

Menschen wollen Klarheit und Sicherheit. Aussagekräftige Visualisierungen fördern nicht nur das gemeinsame Verständnis, sondern unterstützen maßgeblich in der Entscheidungsfindung bei Diskussionen, Moderationen und Besprechungen.

» Harmonie schafft keine Klarheit, aber Klarheit schafft Harmonie! «

Sie bekommen Sicherheit beim Visualisieren und Präsentieren

Reine Praktiker sind oft genauso schlecht wie reine Theoretiker. Mein Erfolgskonzept ist eine theoriegeleitete Praxis. Sie erfahren hier, wie Ihre Bilder strukturiert werden können, um Wirkung zu erzeugen und bekommen viele Schritt-für-Schritt-Anleitungen für punktgenaue Visualisierungen.

Sie entdecken Ihre Kreativität

Bewegung ist Ursache für Kreativität. Durch die Erstellung von selbst gezeichneten Visualisierungen bekommen Sie ständig neue Ideen und führen positive Veränderungen herbei.

Analog und digital,
es gibt viele Anwendungsbereiche

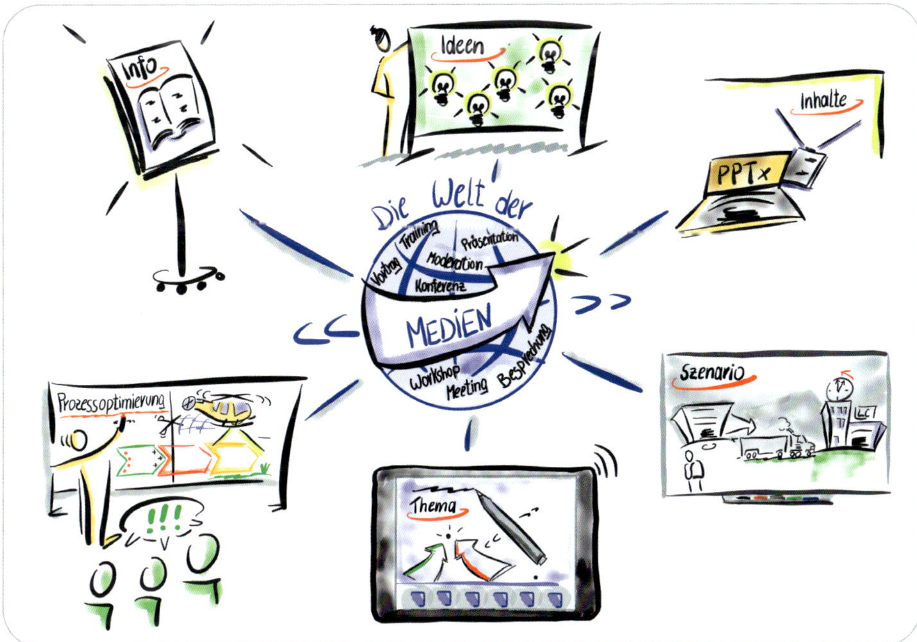

Flipcharts for Business

Für mich ist die Flipchartgestaltung die Basis aller Präsentationsmittel. Ein Flipchart ermöglicht nicht nur eine wirkungsvolle und ansprechende Darstellung von Inhalten, sondern stellt auch eine persönliche Verbindung zum Publikum her. Es wirkt ansprechend, fördert die Interaktion und funktioniert auch ohne Strom. Sollte also die Technik einmal verrückt spielen, ein Flipchart ist immer verwendbar.

Ob zur Ideenentwicklung, zum Sammeln von Vorschlägen, für punktgenaue Präsentationen oder nachhaltige Besprechungen: Ein Flipchart ist und bleibt ein verlässliches Medium.

Visuelle Moderation

Als Graphic Facilitation bezeichnet man die visuelle Begleitung von Gruppenprozessen. Schließlich ist es eine der Hauptaufgaben der Moderatorin bzw. des Moderators, die Gesprächsinhalte und Ergebnisse schriftlich festzuhalten. Das erfolgt in der gängigen Praxis häufig nur mit Text.

Wird in einer visuellen Sprache, also in Bild-Wort-Kombinationen kommuniziert, steigert das die aktive Mitarbeit und sichert die Ergebnisse nachhaltig. Dabei wirkt die erstellte Visualisierung als Spiegelbild des Gruppenprozesses. Die Moderationsteilnehmer/innen werden durch die Live-Visualisierung auch ständig ermuntert, aktiv am Gruppenprozess teilzunehmen und sich mit ihren Meinungen und Ideen einzubringen.

Agile Teams brauchen Storydrawing

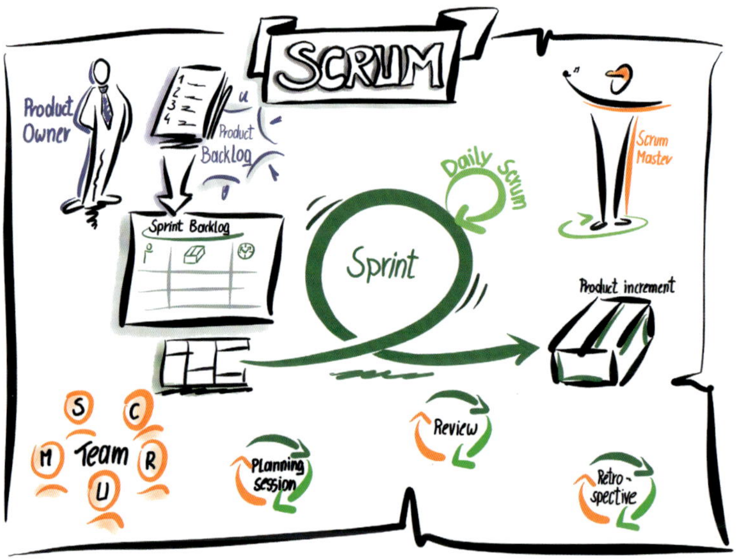

Die Arbeitswelt verändert sich und mit ihr die Art und Weise, wie wir in Teams und über Projekte hinweg kommunizieren. Agile Organisationsformen und selbstorganisierte Projektteams erfordern eine neue Art der Kommunikation. Emotionalere Kommunikationsinstrumente wie „Storydrawing" begeistern und involvieren ein Team. Eine agile Organisation entsteht nicht einfach dadurch, dass Projekte nach Scrum oder im Rahmen skalierter agiler Frameworks durchgeführt werden, es bedarf auch einer emotionalen Kommunikationsform. Storydrawing macht die Kommunikation in agilen Organisationen effektiver und effizienter.

Scribbeln mit PowerPoint

Mit PowerPoint-Präsentationen Menschen zu begeistern ist heutzutage kein einfaches Unterfangen. Individuell statt generell lautet eines der Erfolg bringenden Leitmotive. Nutzen Sie die Zeichenwerkzeuge in der Referentenansicht und greifen Sie direkt in die Präsentation ein, indem Sie wichtige Informationen unterstreichen, umranden usw., also in den Vordergrund rücken.

Geübte Anwender/innen skizzieren mittels PowerPoint oder OneNote wirkungsvolle Prozessabläufe. Die entsprechenden Werkzeuge sind die Zeichenstift- und die Textmarkerfunktion. Sehr zu empfehlen ist auch die Einbettung von gezeichneten Symbolen in die jeweilige PowerPoint-Präsentation. Viele namhafte Unternehmen präsentieren mittlerweile ihre Inhalte in einer sehr reduzierten Form, nämlich nur mit einem Bild, in Fachkreisen als „One-Page-Presentation" bezeichnet.

Digitale Boards, Smartboard, Surface hub, usw.

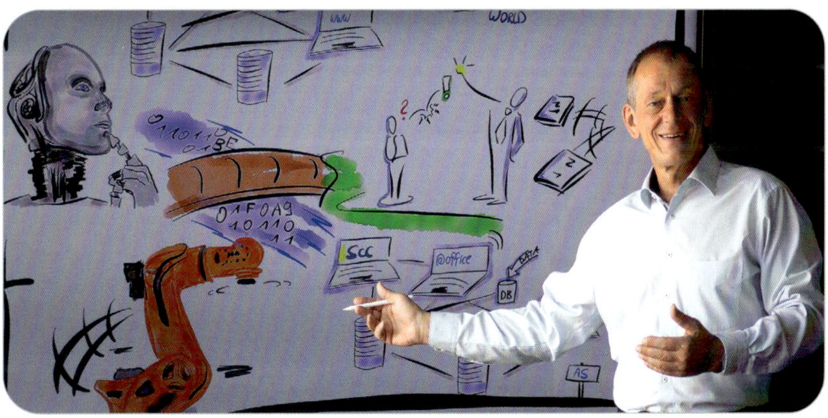

Für manche ein Fluch, für andere ein Segen. Wie dem auch sei, mit der neuen Generation von digitalen Whiteboards eröffnen sich weitere Einsatzmöglichkeiten. So kann die Visualisierung von umfangreichen Prozessabläufen mit dem interaktiven Board bewerkstelligt werden. Es eignet sich auch perfekt für Videokonferenzen, z. B. via MS-Teams, Zoom und Skype, für Präsentationen und für Arbeitsaufträge mit multimedialen Elementen. Der Erfolg hängt letztendlich vom Einsatzgebiet ab.

Neben den vielen Vorteilen sind bei der Anschaffung auch die Nachteile in Betracht zu ziehen. Zu den häufigsten zählen: fehlendes technikaffines Personal, hohe Anschaffungskosten und zusätzliche Energiekosten, schlechte Lesbarkeit bei großer Helligkeit, Ausfall durch technische Probleme, zusätzlicher CO_2-Ausstoß sowie Kosten durch Softwareupdates und Lizenzen.

Meine persönliche Erfahrung: Ich habe in den letzten Jahren in zahlreichen Unternehmen digitale Boards teilweise originalverpackt und unbenützt in einer dunklen Ecke stehen gesehen. Das Argument, modern wirken zu wollen, war letztendlich doch zu kraftlos. Dennoch forcieren derzeit mehr und mehr Unternehmen den Einsatz dieser digitalen Boards, setzen auf begleitende Schulungen und unterstützen damit den Abbau von Zugangsbarrieren. Eine der größten Barrieren ist aus meiner Sicht die fehlende Methodenkompetenz. Ein Seminarteilnehmer hat es sprichwörtlich auf den Punkt gebracht:

„Kannst Du auf einem Flipchart nicht zeichnen, dann kannst Du auch auf einem Smartboard nicht zeichnen!“

Oder anders formuliert: Wenn man einen schlechten Prozess digitalisiert, bleibt es trotzdem ein schlechter Prozess. Mit diesem Buch werde ich Ihre Fähigkeit, mit wenigen Strichen ausdrucksstarke Visualisierungen auf digitalen Medien zu erstellen, steigern. Versprochen!

iPad & Co

Neue Medien sind ein fester Bestandteil des beruflichen Alltags geworden. Sie bestimmen und beeinflussen täglich unsere Interaktion und Kommunikation. Längst sind iPad & Co aus dem täglichen Business nicht mehr wegzudenken. Es verwundert daher, dass die digitale Medienwelt nur zögerlich Eingang in Geschäftspräsentationen findet. Tablets sind eine neue und moderne Art, fachliche Inhalte zu visualisieren und zu präsentieren.

Ob in Verkaufssituationen, bei Unternehmenspräsentationen oder zur wirkungsvollen Darstellung von Zahlen, Daten oder Fakten, Tablets sind die Hilfsmittel im Modern Style.

Erklärvideos

Das Erstellen von Erklärvideos ist mit Sicherheit eine gute Idee, um Inhalte und Botschaften an Ihre Zielgruppe zu vermitteln. Diese Art von Video ist in der Kommunikation und im Marketing so wichtig wie nie zuvor. Es gibt zum einen hochprofessionelle Erklärvideos, bei denen jede einzelne Grafik von Professionisten manuell gezeichnet und animiert wird. Diese sind in der Regel aber sehr teuer. Zum anderen gibt es jene, bei denen alle Figuren und Grafiken vorgefertigt sind. Das hat den Vorteil, dass es Zeit und Kosten spart. Allerdings ist die Qualität nicht sehr hoch und vor allem sehen alle irgendwie gleich aus.

Wie würde nun eine unverwechselbare und dazu noch kostensparende Lösung aussehen? Ganz einfach: Sie erstellen Ihre einzigartigen Video-Symbole selbst und verwenden eines der gängigen Softwaretools wie beispielsweise MySimpleShow, VideoScribe oder Ähnliches.

FILM AB!

www.trauner.at/
flipcharts.aspx

Visuelle Kommunikation

Je abstrakter ein Inhalt, desto geeigneter ist die Textsprache, je konkreter ein Sachverhalt, desto geeigneter ist die Bildsprache. Letztendlich aber geht es um Klarheit. Um diese zu erreichen, braucht es in vielen Fällen die Symbiose von Text und Bild. Betrachten wir dazu die vier Bausteine der visuellen Kommunikation:

- **Text**
- **Farbe**
- **Symbole**
- **Bilder**

Text

Schriftart, Schriftgröße und Schriftfarbe sind generell wichtige Gestaltungsmerkmale von Texten. Abhängig vom verwendeten Medium gelten zudem auch noch spezifische Qualitätsstandards, um die Lesbarkeit und Verständlichkeit gewährleisten zu können. Generell ist man dazu verleitet, viel zu viel Informationen zu schreiben. Oft wird auch eine zu kleine Schrift verwendet. Größer geschriebene Wörter werden unbewusst als wichtiger angesehen. Ebenso werden kleiner geschriebene Wörter als eher unwichtig bewertet. Diesen psychologischen Effekt können Sie sich zunutze machen, indem Sie Vorteile und Kernaussagen Ihrer Präsentation mit größeren und die Nachteile oder Ergänzungen mit kleineren Buchstaben veranschaulichen.

Allgemein gilt der Grundsatz:

„Schreiben Sie so wenig wie möglich, zeichnen Sie so viel wie notwendig!“

Worum geht's?
Das ist eine Frage, die Sie am Beginn jeder Präsentation beantworten sollen, um die Aufmerksamkeit der Zuhörer/innen auf den Inhalt der Präsentation lenken zu können. Daher ist es wichtig, dass jedes Chart eine Überschrift erhält. Diese wird vorzugsweise am linken oberen Blattrand positioniert.

Warum?
Weil unsere Leserichtung von links oben nach rechts unten geht. Zumindest gilt das für den europäischen Raum. Mit einem plakativen Überschriftenbanner wird die Headline vom Inhaltsbereich abgegrenzt. Das erfolgt im einfachsten Fall durch Unterstreichen oder eine Umrandung.

Beschränken Sie Ihre weiteren Aussagen auf das Wesentliche. Schlüsselwörter oder -sätze reichen aus, um das Wichtigste festzuhalten. Zuviel Text kann sich außerdem niemand merken. Die Gliederung von Überschriften und inhaltlichen Textpassagen ermöglicht die Bildung von optischen Blöcken und fördert die Überschaubarkeit. Dadurch wird eine rasche Informationsaufnahme unterstützt.

Farbe

Nicht nur bei Texten, sondern auch bei Zeichnungen unterstützt die Verwendung von Farben die Wirksamkeit. Das kostet allerdings mehr Zeit und setzt ein Hintergrundwissen über die Farbpsychologie voraus. Werden die Farben für Visualisierungen richtig gewählt, wird die Wirkung einer Aussage vielfach gesteigert. Gegenteiliges wirkt allerdings inkongruent. Das bedeutet, dass ein falsch gewählter Farbton einen Widerspruch in der Aussage erzeugt, beispielsweise ein rot gezeichneter Unternehmensgewinn. Die schwarzen Zahlen stehen für Gewinn, die roten Zahlen für Schulden. Sie sehen, der Einsatz richtig gewählter Farben wirkt, und er zeugt von Professionalität.

„Kommunikation statt Dekoration!“

Die wichtigsten Farbtöne und ihre Bedeutung

Farbe ist Information! Farben verändern die Stimmung von Menschen und beeinflussen sie zum Positiven oder Negativen.

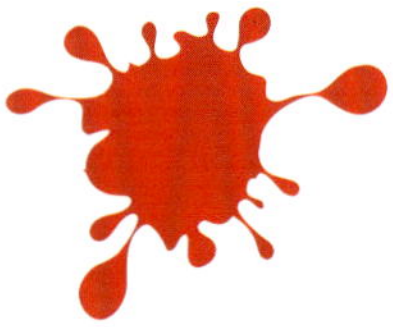

Rot ist die wärmste Farbe, die wir kennen, aber auch die dynamischste und aggressivste. Rot bedeutet für uns Leben. Wir verbinden diese Farbe mit der Liebe und mit der Flüssigkeit des Lebens, dem Blut. Rot regt psychisch und physisch an und fördert körperliche Arbeit und Bewegung. Rot ist Energie pur.

- **Positive Assoziationen** zur Farbe Rot sind Glück, Liebe, Lebensfreude, Erotik, Energie, Aktivität, Dynamik, Wärme und Feuer.
- **Negative Assoziationen** sind Emotionen wie Hass, Wut, Zorn und Aggressivität ebenso wie Lautes, Unmoral, Gefahr sowie Verbote.

Rosa ist die Farbe der Herzensliebe. Sie verbindet die Reinheit von Weiß mit der Kraft von Rot.
Rosa besänftigt, macht empfänglich für die Stimmungen anderer Menschen und baut Aggressionen ab.

- **Positive Assoziationen** sind Zärtlichkeit, Liebe, Unschuld, Zuneigung, Harmonie, Charme und Höflichkeit. Diese Farbe ist buchstäblich süß.
- **Negative Assoziationen** sind Kitsch, Mitleid und Übervorsicht.

Orange fördert die Tatkraft und erzeugt eine heitere, gelöste Atmosphäre, wirkt stimulierend und strahlt Wärme und Gemütlichkeit aus. Sie symbolisiert Optimismus, Lebensfreude und wirkt aufbauend, kräftigend und positiv.

- **Positive Assoziationen** zu Orange sind Vergnügen, Geselligkeit, Genuss, Energie, Wandel, Aktivität, Wärme und die Fähigkeit, den Moment zu leben.
- **Negative Assoziationen** sind Billigsein, Aufdringlichkeit, Angeberei und Lautes.

Gelb bringt Sonne ins Gemüt und verscheucht trübe Stimmung. Die Farbe Gelb fördert die Konzentration, den Lerneifer und auch das Gespräch.

- **Positive Assoziationen** zur Farbe Gelb sind Optimismus, Lebensfreude, Heiterkeit, das Empfindsame, Erfrischung, Luxus und Reichtum.

- **Negative Assoziationen** zu Gelb sind Naivität, Neid, Eifersucht, Geiz, Egoismus, Gefühllosigkeit, Untreue, das Bittere, das Giftige, Unsicherheit und Warnung.

Braun sorgt in der Innenraumgestaltung für Gemütlichkeit. Je höher der Gelbanteil in der Farbe ist, desto beruhigender und ausgleichender ist die Wirkung.

- **Positive Assoziationen** zu Braun sind das Ursprüngliche, Unverfälschte, Erdige von rustikalen Materialien wie Holz, Leder oder ungebleichter Wolle.
- **Negative Assoziationen** betreffen Schuldhaftes, Schlechtes, Faulheit und Verfaultes.

Grün versetzt die Seele in positive Schwingungen, weckt Lust auf Neues, auf Entdeckungen und gilt als Quell der Kreativität.
Sie ist die Farbe des Lebens, der Pflanzen und des Frühlings. Als Farbe der jährlichen Erneuerung und des Triumphs des Frühlings über den Winter symbolisiert sie die Hoffnung und die Unsterblichkeit.

- **Positive Assoziationen** zur Farbe Grün sind Natur, Leben, Jugend, Lebendigkeit, Natürlichkeit, Frühling, Hoffnung und Zuversicht.
- **Negative Assoziationen** betreffen Unreife, Giftiges, teilweise auch Dämonisches.

Blau symbolisiert die Weite des strahlenden Sommerhimmels. Es lässt auch an die unergründbaren Tiefen des Meeres, an Seen, Flüsse und Bäche sowie an die Wahrheit und Klarheit denken. Es wirkt still und entspannend.

- **Positive Assoziationen** sind Sympathie, Harmonie, Freundlichkeit, Freundschaft und auch Treue. Weitere gedankliche Verbindungen sind Entspannung, Stille, Klugheit, Konzentration und Wahrheit.
- **Negative Assoziationen** hingegen sind Kälte oder Trunkenheit.

Violett wirkt feierlich, macht passiv und wirkt beruhigend. Daher ist sie sowohl eine künstlerische als auch metaphysische Farbe.
Sie ist auch die Farbe der Magie, kosmischen Energie, Inspiration und spirituellen Erfahrung.

- **Positive Assoziationen** sind Kraft, Erfolg, Idealismus, Außergewöhnlichkeit, Originalität, Modisches, Magie sowie Phantasie.
- **Negative Assoziationen** mit der Farbe Violett sind Eitelkeit, Unnatürlichkeit, Unsicherheit, Untreue, Unsachlichkeit und Zweideutigkeit.

Schwarz ist die dunkelste aller Farben. Eine schwarze Fläche wirkt kleiner als eine weiße Fläche gleicher Größe. Gleichzeitig wirken schwarze Objekte auch schwerer.
Durch den starken Kontrast zur Umgebung wirkt Schwarz auch eckig und hart. Die Eigenarten der Farbe übertragen sich auf die mutmaßlichen Qualitäten des Objektes. Schwarze Gegenstände oder Flächen wirken deshalb beherrschend, im besten Fall elegant. Schwarze Kleidung wirkt abgrenzend und verleiht Würde.

- **Positive Assoziationen** sind Eleganz, Eros sowie Gewinn (schwarze Zahlen).
- **Negative Assoziationen** findet man in der Verbindung mit den Begriffen Unglück, Schmutz, Asche, Tod, Trauer, Nacht, Abgrund, Tiefe, Leere, Bosheit und Macht.

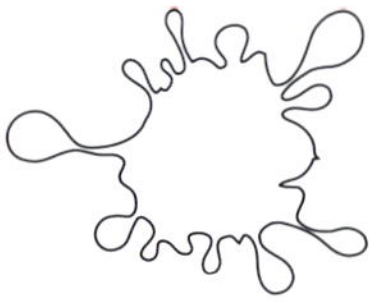

Weiß verbinden wir Menschen mit purer Reinheit, Licht und strahlendem Schnee. Weiß stellt die Ausgewogenheit aller Farben dar und wirkt aufmunternd sowie friedlich.

- **Positive Assoziationen** betreffen Unschuld, Sauberkeit, Weisheit und das Heilige.
- **Negative Assoziationen** gibt es selten, aber doch. Zum Beispiel farblos, bleich, das leere Blatt Papier.

„Treiben Sie es nicht zu bunt!“

Tipps zum Flipchart-Farbentopf

Die aus meiner Erfahrung bewährteste Art, Flipcharts und Pinnwände farblich zu gestalten, ist die Verwendung von Wachsmalblöcken. Sie unterscheiden sich gegenüber den herkömmlichen Wachsmalstiften durch ihre Form, die nahezu ideal erscheint, um großflächige Darstellungen farblich zu gestalten. Neben der Vielzahl der am Markt befindlichen Produkte verwende ich persönlich jene von Giotto.

Symbole

Eine sehr wichtige Rolle spielen unterschiedliche geometrische Formen in der Darstellung von Strukturen, Verbindungen und Systemen. Zum Beispiel kann ein Rechteck einen Zusammenhang von vier Komponenten charakterisieren, ebenso auch ein Blatt Papier, eine Rahmenbedingung, den Dokumentenstapel oder einen Verhandlungstisch. Die Auseinandersetzung mit geometrischen Formen fördert den eigenen Ideenreichtum und führt zu einer wertvollen Symbolsammlung. Geometrische Formen spielen bei der Darstellung von Symbolen, Strukturen und Systemen eine sehr wichtige Rolle. Sie bilden den Grundstein für unser visuelles Wörterbuch. Jedes Symbol entspringt einer der geometrischen Grundformen

- **Viereck,**
- **Dreieck,**
- **Kreis,**
- **Punkt,**
- **Spirale,**
- **Pfeil**
- **und Linie.**

Geometrische Formen sind de facto die wichtigsten grafischen Elemente. Durch ihre richtige Verwendung werden

- wichtige Informationen hervorgehoben,
- Zusammenhänge verdeutlicht,
- Querverweise hergestellt und Darstellungen miteinander verbunden.

Formen und ihre Bedeutung

Unvorstellbar wäre das Chaos, würden eines Tages plötzlich die selbstverständlich gewordenen und klar erkennbaren Formen der Linien, Dreiecke oder Rechtecke fehlen. Denken Sie dabei nur an die Verkehrszeichen oder die Leitsysteme in Krankenhäusern. Geometrische Formen sind für uns Menschen im täglichen Leben wichtig und unverzichtbar geworden. So simpel, wie sie erscheinen, sind sie auch zu zeichnen. Verblüffend vielfältig und zumeist klar in ihrer Bedeutung, das begründet ihre unzähligen Einsatzmöglichkeiten.

Form	Anwendungsbeispiele
	**Viereck** Ein quadratischer oder rechteckiger Tisch bringt viele Denkverbindungen mit sich. Weiters kann ein Viereck ebenso ein Dokument, einen Vertrag, ein wichtiges Projekt oder nur ein Blatt Papier darstellen.
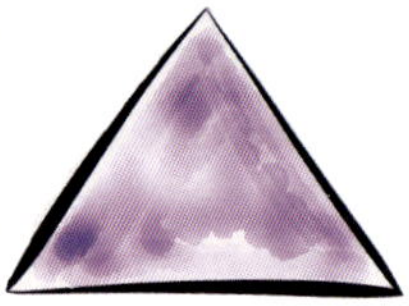	**Dreieck** Dreiecksformen dienen zur Darstellung der Begrifflichkeiten Hierarchie, Pyramide, unterschiedliche Ebenen, Aufbau, Steigung, Herausforderung, Zielorientierung, Entscheidung, zwei gegen einen oder auch Top-Down-Methode.
	**Pfeil** Pfeile zeigen Richtungen, Anstieg, Abfall bis hin zu Verknüpfungen an. Diese Grundform ist so wesentlich und vielfältig, dass ich auf die unterschiedlichen Pfeilformen noch näher eingehen werde.
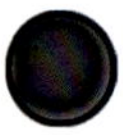	**Punkt** Die Assoziationen zur Punktform sind der Brennpunkt, etwas auf den Punkt bringen, punktgenau, Entscheidung, Ziel, Aufzählung, Fokus, Verbindungspunkt sowie Wesentliches.
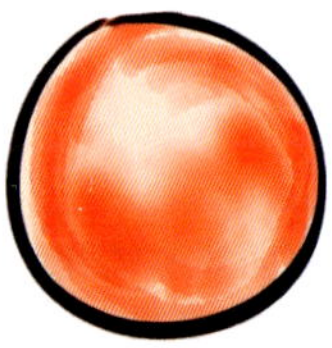	**Kreis** Die Kreisform versinnbildlicht ein Team, eine kreisrunde Sache, Sonne, Ball, Bombe, Luftballon, Globus, Zielscheibe, Uhr, Zauberkugel, Köpfe und noch vieles mehr. Alle diese Assoziationen können grafisch sehr gut verwendet werden.
	**Spirale** Die Spirale ist jene Form mit der größten Dynamik. Daher ist sie Ausdruck von Veränderung und Aktivität. Durch rechts-, links-, auf- und abwärtsdrehende Spiralen kann der Ausdruck bereichert werden.
	**Linie** Die Linie symbolisiert Verbindung, Unterstreichung oder Trennung. Man denke an eine Sperr-, Mittel-, Leit-, Randlinie oder auch einen Weg und ein Längenmaß ... Weitere Linienarten bringen noch zusätzliche Unterscheidungen.

Mit diesen sieben Grundformen lässt sich bereits ein visuelles Wörterbuch gestalten. Die Erweiterung des visuellen Sprachschatzes erfolgt durch die Kombination von Grundformen und einen Funken Kreativität. Apropos, zusätzliche Formen sind selbstverständlich erlaubt und sinnvoll.

Vor dem Zeichnen berufsbedingter Symbole sind folgende Überlegungen hilfreich:

- Welche Symbole unterstützen meine Story?
- Welcher Bestandteil ist nötig, um einen Gegenstand oder Begriff zu erkennen?
- Was erleichtert dem Betrachter das Verständnis?
- Bringt der erhöhte Zeitaufwand einer farbigen Gestaltung auch den gewünschten Vorteil?

Bilder

Der vierte und letzte visuelle Baustein ist ein vollständiges Bild beziehungsweise eine zusammenfassende Darstellung. Diese ist in der Regel ein Zusammenspiel von Textbausteinen, gezieltem Farbeinsatz und Symbolen. Das Endprodukt „Bild" ergibt sich dann, wenn die bereits visualisierten Einzelinformationen in einen logischen Zusammenhang gebracht werden.

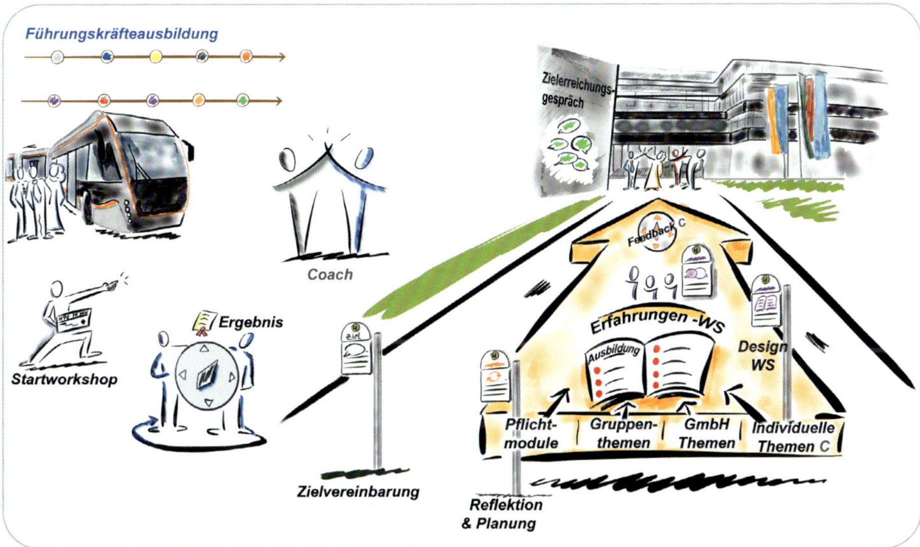

Dazu eignen sich besonders Pfeile, Landschaftsbilder (der Weg zum Ziel, alle in einem Boot, eine Landkarte, Wegweiser, Brücken über Schluchten etc.) sowie erweiterte Grundformen wie beispielsweise die Pyramide als eine der ausdrucksstärksten Formen eines strukturierten Zusammenhangs.

FILM AB!

www.trauner.at/Stiftund-Schrift.aspx

Stift und Schrift

Tipps
für eine wirkungsvolle Flipchartgestaltung

Je breiter der verwendete Stift, desto kraftvoller wirkt Ihr Schriftbild. Dünne Stifte ergeben feine Linien und darunter leiden sowohl das Schriftbild als auch die Lesbarkeit. In vielen Tagungs-, Besprechungs- und Präsentationsräumen ist man sich dessen leider nicht bewusst und stellt keine passenden Stifte zur Verfügung. Verzichten Sie daher bei der Flipchartgestaltung gänzlich auf Stifte mit Rundspitze.

„Breite Striche assoziieren Sicherheit und Kompetenz!“

Grundsätzlich empfehle ich Ihnen Stifte mit einer Keilspitze. Die Länge der Kante sollte hier mindestens 6 Millimeter betragen – sozusagen als Mindeststandard. Sie erreichen damit eine professionell wirkende Strichführung bei Bild und Text. Sie sehen in der nebenstehenden Abbildung, dargestellt für Rechtshänder, dass einerseits die Längskante zu verwenden ist und andererseits die Spitze des Keils immer zum Daumen zeigen sollte. Damit wird plakatives und vor allem schnelles Schreiben und Zeichnen ermöglicht.

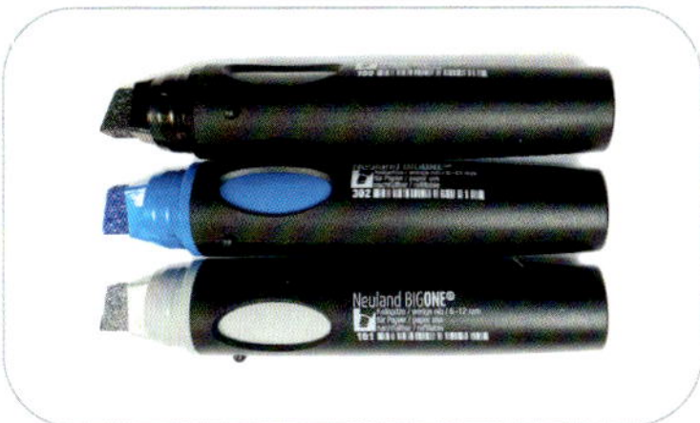

Empfehlenswert sind z. B. die breiten Flipchartmarker von Neuland. Diese Stifte zeichnen sich vor allem durch die weiche Keilspitze aus. Das schont Ihre Kräfte und man erhält ein tadelloses Schriftbild. Zudem sind diese Marker in vielen Farben erhältlich und sie sind auch nachfüllbar.

Einen Praxistipp möchte ich Ihnen nicht vorenthalten:
Die in der Abbildung sichtbare Griffmulde ist im Originalzustand (Stift links) so eingestellt, dass der Zeigefinger seitwärts auf den Stift drückt. Das erfordert einen höheren Krafteinsatz und reduziert somit die Zeichengeschwindigkeit. Ich empfehle Ihnen, die Keilspitze durch eine einfache Drehung so einzustellen, dass der Druck des Zeigefingers direkt auf die Längskante wirken kann (Stift rechts).

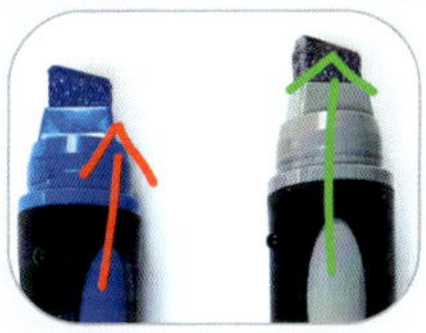

Bei der Verwendung von Stiften mit einer quadratischen Spitzenform (meist verwendet bei einer Strichbreite zwischen 10 und 12 Millimetern) sollte darauf geachtet werden, dass die nicht verwendeten Kanten sehr schnell austrocknen. Daher immer die gleiche Kante verwenden, im besten Fall die höchste Kante. Durch diesen richtigen Kanteneinsatz bekommt das Schriftbild einen starken Ausdruck, vermittelt Sicherheit und wirkt sehr plakativ.

Zusammengefasst die wichtigsten Aspekte bei der Stiftauswahl:

- Strichbreite
- Umweltfreundlichkeit
- Preis und Wirtschaftlichkeit
- Liegt der Stift gut in der Hand?
- Ist die Kappe gut verschließbar?

Und das sind die häufigsten Fehler beim Schreiben mit Flipchartstiften:

Fehlerart	Fehlerbeschreibung / Korrekturvorschläge
	**Mit der Stiftecke schreiben** Der dicke Stift wird als dünner Stift verwendet. Oft geschieht dies aus Scheu vor zu dicken Strichen. Mit dünnen Strichen assoziiert man aber Unsicherheit und darunter leidet die Glaubwürdigkeit der getroffenen (geschriebenen) Aussage. Wenn man auf der Stiftecke schreibt, wird auch der Stift sehr schnell unbrauchbar.
	**Stiftkante wird weggedreht** Einer der häufigsten Fehler ist, dass die Stiftkante während des Schreibens weggedreht wird. Das passiert oft unbewusst, weil einem der Strich zu dick vorkommt oder aufgrund des fehlenden Drucks auf den Stift. Überprüfen Sie Ihre Stifthaltung (Zeigefinger in die Stiftmitte) und achten Sie auf einen spitzen Winkel des Stiftes zum Flipchart. So bekommen Sie ohne großen Kraftaufwand den bestmöglichen Druck auf den Stift.
	**Benützung der Stiftfläche** Bei Verwendung der gesamten Stiftfläche verliert Ihr Schriftbild die Abwechslung der Strichstärken. Außerdem verschlieren die Striche am Strichanfang und -ende. Benützen Sie daher nicht die gesamte Stiftfläche.

Plakative Schriftarten

Die Textgestaltung bei Flipcharts sollte geübt sein. Neben den zahlreichen optischen Kriterien gibt es unbeachtete psychologische Effekte, die für erfolgreiche Flipchartpräsentationen wichtig sind.

Um eine plakative und leicht lesbare Schrift am Flipchart zu erreichen, halten Sie sich an ein paar wenige, aber effektive Gestaltungsregeln. Plakativ schreiben heißt nicht, dass Sie besonders schön schreiben müssen, sondern mit dem Geschriebenen Aufmerksamkeit und Interesse wecken. So nimmt sich der Betrachter gerne die Zeit zum Lesen.

Wir unterscheiden bei der Flipchartgestaltung drei Schriftarten:

- Druckschrift
- Blockschrift
- Konturenschrift

Druckschrift

Menschen lesen nicht Buchstabe für Buchstabe, sondern ein Wort als Gesamtes. Somit wirkt ein in Druckschrift geschriebenes Wort als kompakte Einheit, das erleichtert die Lesbarkeit. Gut lesbar, schnell schreibbar und mit plakativer Wirkung! Die Druckschrift hat alle Voraussetzungen, die eine optimale Flipchartschrift benötigt. Stellt sich nur die Frage, was tun bei einer unlesbaren oder schlampigen Handschrift? Nützen Sie die folgenden Tipps, um Ihrem Schriftbild unter Beibehaltung der persönlichen Note ein plakativeres Erscheinungsbild zu geben.

Die Druckschrift ist
die optimale Flipchartschrift!

Schrift-Tipp 1: Kompakt schreiben

Ein kompakt geschriebenes Wort erleichtert das Lesen und wirkt auch plakativer.

Kompaktheit hält die Wörter zusammen.

F e h l e n d e K o m p a k t h e i t
e r s c h w e r t d a s L e s e n .

Achten Sie auch auf die Kompaktheit der einzelnen Buchstaben innerhalb eines Wortes. Häufig werden bestimmte Buchstaben mit „Bäuchen“ versehen, wie beispielsweise a, b, d, o, p, q. Damit wirken die einzelnen Wörter unregelmäßig und das einzelne Wort erscheint nicht mehr kompakt.

Schrift-Tipp 2: Kleinbuchstaben größer als die Hälfte der Großbuchstaben

Ein wesentliches Gestaltungsprinzip einer plakativen Schreibweise ist die Buchstabenhöhe der verwendeten Kleinbuchstaben. Jedes Wort hat mehr vertikale als horizontale Anteile. Das bedeutet, dass mit breiten vertikalen Anteilen die Stärke des Schriftbildes erzeugt werden muss. Daher sollten Kleinbuchstaben nicht kleiner als die Hälfte der Großbuchstaben sein. Sie sollten zwei Drittel der Höhe der Großbuchstaben betragen. Dementsprechend wird für die Länge der Unterlängen ein Drittel der Höhe der Großbuchstaben empfohlen. Meist werden die Unterlängen viel zu lang geschrieben, woraus sich auch ein größerer Zeilenabstand ergibt. Dies führt zu einem unregelmäßig erscheinenden Gesamtbild des geschriebenen Textes. Sie werden öfter beobachten können, dass die Kleinbuchstaben sogar mit bis zu 80 Prozent der Höhe von Großbuchstaben geschrieben werden. Damit werden die vertikalen Anteile noch stärker hervorgehoben und das gesamte Schriftbild wirkt noch plakativer und kraftvoller.

Schrift-Tipp 3: Den richtigen Winkel verwenden

Achten Sie darauf, dass in den vertikalen Anteilen die volle Strichstärke eingesetzt wird. Fixieren Sie daher den Stift in Ihrer Hand und drehen Sie ihn während des Schreibens nicht.

Stifthaltung 0 Grad	**Stifthaltung 45 Grad**	**Stifthaltung 90 Grad**

Bewirkt: Breite vertikale und dünne horizontale Striche.	**Bewirkt:** Gleiche Breite bei vertikalen und horizontalen Strichen.	**Bewirkt:** Dünne vertikale und breite horizontale Striche.
Ergebnis: Kräftiges Schriftbild mit plakativem Erscheinungsbild.	**Ergebnis:** Schriftgröße kann kleiner gewählt werden. Ermöglicht schnelles Schreiben und wirkt dekorativ.	**Ergebnis:** Kraftloses Schriftbild – daher nicht empfehlenswert.

> „Vermeiden Sie eine Stifthaltung in einem Winkel von mehr als 45 Grad."

Probieren Sie die einzelnen Stifthaltungen aus und wählen Sie jene, bei der das erzeugte Schriftbild Ihren Ansprüchen an ein plakatives Erscheinungsbild gerecht wird.

Schrift-Tipp 4: Die Höhe der Buchstaben hängt ab vom verwendeten Stift

Die Höhe der einzelnen Buchstaben ist abhängig von der erzeugten Strichstärke. Bei einer Strichbreite von 12 mm beträgt die optimale Höhe von Großbuchstaben 120 mm, also den Faktor 10. Verringern Sie die Strichbreite, so hat das auch Auswirkungen auf die Buchstabenhöhe. Der Zusammenhang zwischen Strichbreite und Buchstabenhöhe beeinflusst wesentlich die plakative Wirkung des Schriftbildes.

Verwendete Strichbreite x 10 = optimale Höhe der Großbuchstaben!

Blockschrift

Blockschrift wird dort verlangt, wo die eindeutige Lesbarkeit von Daten eine große Rolle spielt, also beim Ausfüllen von rechtsverbindlichen Formularen. Eindeutigkeit meint in diesem Fall Unabhängigkeit von den Eigenheiten einer persönlichen Handschrift.

Für die Flipchartgestaltung gilt, dass die Blockschrift für Überschriften oder wichtige Texte verwendet werden kann, allerdings immer unter Berücksichtigung der im Vergleich zur Druckschrift erschwerten Lesbarkeit. Oftmals sieht man auch eine Annäherung an die Druckschrift, indem sogenannte „Kapitälchen" verwendet werden. Kapitälchen sind Großbuchstaben, deren Höhe der Normalhöhe von Kleinbuchstaben entspricht. Also im besten Fall 80 Prozent des ersten Großbuchstaben.

Konturenschrift

Bei der Konturenschrift werden bei den einzelnen Buchstaben lediglich die Konturen gezeichnet. Das benötigt viel Zeit und ist sehr aufwendig. Zudem sind Texte in der Konturenschrift auch schwerer lesbar. Diese Schriftart ist für das Schreiben von längeren Textstellen oder Sätzen eher weniger geeignet.

Es lassen sich aber einige gewichtige Argumente finden, die eine Anwendung der Konturenschrift befürworten. Gewichtig im Sinne des Wortes ist die Konturenschrift allemal, d. h. für besonders hervorzuhebende Argumente, Einwände oder Botschaften lässt sich auf kreative Art ein wirkungsvoller Einsatzbereich entdecken.

Tipps zu digitalen Medien

Stifte für digitale Medien

Digitale Displays, Laptops und Tablets eignen sich mittlerweile hervorragend zum Zeichnen und Präsentieren einer Story und finden bereits vielerorts Verwendung. Dabei sollte der Stift zum Visualisieren eine feine Spitze besitzen. Tablet-Stifte, die eine weiche, kissenartige Touch-Spitze mit mehreren Millimetern Durchmesser haben, sind für feine, detailreiche Zeichnungen eher ungeeignet. Sie eignen sich eher als reine Eingabestifte. Stift-Modelle, die eine besonders feine, relativ harte Spitze besitzen, ermöglichen hingegen auch präzise Striche auf dem Display und unterstützen somit auch das schnelle Schreiben in Handschrift.

Professionelle Displays haben oft Funktionen, die nur mit dem dazugehörigen Stift benutzt werden können. Damit stellt sich die Frage nach dem geeigneten Stift oft nicht mehr. Ob Smartboard, Surface Hub oder iPad Pro, bei all diesen Medien ist die Benutzung des Stifts an den Hersteller gebunden. So können beispielsweise Tablet-Stifte von Apple für das iPad nur mit diesem speziellen Tablet PC-Modell verwendet werden.

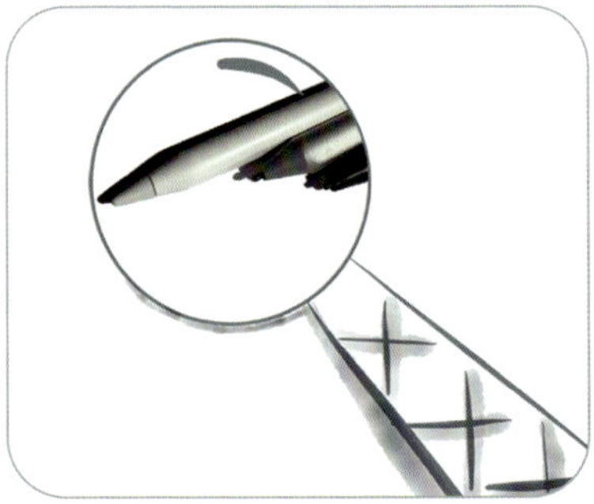

Ein hochwertiger digitaler Stift verfügt über Sensoren, die nicht nur die Aktionen der Benutzerin bzw. des Benutzers messen, sondern auch eine Vielzahl von Signalen an das Tablet übermitteln können. Viele Stifte besitzen eine integrierte Löschfunktion, um schnelles Arbeiten an Zeichnungen zu erleichtern. Aber auch zusätzliche Funktionstasten, die von der Nutzerin bzw. vom Nutzer frei konfiguriert werden können, bieten einen großen Mehrwert und damit eine Arbeitserleichterung.

Die besten Apps für Storydrawing

Ein passendes Visualisierungs-App für Laptop und Tablet zu finden ist wie so oft keine leichte Aufgabe, das kostet viel Zeit, auch Geld und meist auch eine Menge Nerven. Um Ihnen die Qual der Wahl zu erleichtern, zeige ich Ihnen hier eine reduzierte Auswahl von praxiserprobten Apps.

Bamboo Paper

Bamboo Paper, ein sehr einfach zu bedienendes Schreib- und Zeichentool, mit dem man mehrere Seiten umfassende „Notizbücher" anlegen kann. Die Vorteile liegen vor allem in der übersichtlichen Menüführung. Das Einfügen von Bildern sowie die Verwendung unterschiedlicher Stiftarten und Farben machen dieses App empfehlenswert.

Geeignet ist dieses Tool, um einfache Visualisierungen für Ihre Story, aber auch handschriftliche Notizen zu erstellen. Bamboo, eine renommierte Marke, was Visualisierungsequipment anbelangt, steht auch hier für ständige Weiterentwicklung. Dieses App lässt sich darüber hinaus gut für Beamerpräsentationen verwenden. Sowohl Hoch- als auch Querformat sind möglich, wobei Letzteres zu bevorzugen ist. Dabei ist das Anwendermenü auf der Präsentationsfläche für das Publikum nicht sichtbar, ein wichtiger Aspekt, wenn es um professionelle Präsentationstechnik geht. Auf den Punkt gebracht: Bamboo Paper ist ein einfach zu bedienendes und empfehlenswertes Tool für rasche Visualisierungen, noch dazu kostenlos. Anwendung findet dieses App bei iOS und Android.

Penultimate

Ein empfehlenswertes App zum schnellen Erstellen von elektronischen Notizen ist Penultimate. Die eingeschränkte Farb- und Stiftauswahl ist für eine Notizfunktion durchaus ausreichend, lässt aber wenig Platz für individuelle Gestaltungsmöglichkeiten. Penultimate verfügt neuerdings über ein Endlospapier. Sie können also mittels Zwei-Finger-Technik die Papierseiten scrollen, eine Funktion, die bei digitalen Boards Standard ist. Penultimate zeigt sich als ein einfaches, benutzerfreundliches Softwaretool. Anwendung findet dieses App nur bei iOS.

Microsoft OneNote

OneNote ist ein digitales Notizbuch, mit dem Sie Ihre Visualisierungen und Lösungsideen auf allen mobilen Geräten festhalten können. Ein Tool, das nicht nur auf iOS oder Android beschränkt ist, sondern auch für Windows und Mac kostenlos erhältlich und somit für alle Surface-Anwender eine gute Lösung ist. Einerseits können damit die vertrauten Programme verwendet werden, andererseits bietet diese Technik Funktionen für den Einsatz als Tablet an.
Hinweis für Surface Nutzer: Mit dem Surface-Stift visualisieren Sie am Bildschirm ähnlich präzise wie mit einem Kugelschreiber auf Papier. Per Stift-Klick wird unmittelbar eine OneNote-Seite für Notizen geöffnet.

Sketchbook

Eine praxistaugliche App, die auf Deutsch Skizzenbuch bedeutet. Die kostenlose App-Version „Sketchbook Express" eignet sich gut zum Skizzieren, zum einfachen Konstruieren und zum Erstellen von hochwertigen Grafiken.

Beim Skizzieren und Konstruieren helfen geometrische Grundformen wie Viereck, Kreis, Gerade oder Freihandlinie. Damit lassen sich exakt wirkende Darstellungen im Handumdrehen freihändig erzeugen. Texteingaben lassen sich bei diesem App sowohl freihändig als auch per Tastatur erstellen. Mit dieser Funktion unterscheidet sich Sketchbook von den bisher genannten Apps.

Besonders vorteilhaft bei Leinwandprojektionen ist die Zoomfunktion, mit der visuelle Details großflächig gezeigt werden können. Als sehr hilfreich erweist sich auch die Möglichkeit, zusätzliche Layer zu erstellen. Damit kann über eine vorgezeichnete Folie eine weitere unsichtbare Ebene (Layer) gelegt werden. So lassen sich in Skizzen oder vorgefertigten Formularen individuelle Anmerkungen einfügen. Bereits erstellte Vorlagen können so beliebig oft verwendet werden. Die Menüführung ist für schnelles Visualisieren aus meiner Sicht eher hinderlich. Verbesserungen dazu liefert die kostenpflichtige Version „SketchBook Pro". Dieses App gibt es für iOS und Android-Systeme.

Paper von Fiftythree

Heiß begehrt ist diese Anwendung nicht nur bei denjenigen, die gerne eine Projektionsfläche als elektronisches Flipchart oder als elektronische Tafel benützen. Neben der einfachen Handhabung verfügt Paper über eine perfekte Auswahl an verschiedenen Stiftarten (Marker, Schreibstift, Pinsel …) und weitere zweckmäßige Werkzeuge.

Ein besonderer Genuss ist das Visualisieren mit dem als „Draw“ bezeichneten Stift. Durch die von der Zeichengeschwindigkeit bestimmte Stiftbreite werden auch für Personen, die nicht so gut zeichnen können, plakative Visualisierungen möglich. Perfekt also für Storydrawing.

Paper beinhaltet zudem eine Lupenfunktion zur Vergrößerung frei gewählter Bildausschnitte. Mit der Zwei-Finger-Technik können kleine Details lupenrein bearbeitet werden. Man kann damit auch auf wichtige Details fokussieren. Im Vergleich zu einem Laserpointer eine sehr angenehme und wirkungsvolle Art der Visualisierung. Paper gehört aus meiner Sicht zu den besten Apps, die derzeit am Markt erhältlich sind. Dieses App gibt es leider nur für iOS.

FILM AB!

www.trauner.at/Ueberschriften.aspx

Überschriften brauchen Begrenzungen

Thema, Überschriften oder sonstige Headlines brauchen Begrenzungen. Um die plakative Wirkung einer Headline zu steigern, werden verschiedene Überschriften-Banner eingesetzt. Damit lassen sich wichtige Informationen gezielt in den Vordergrund rücken.

Der Text soll mit dem visuellen Ausdruck eines verwendeten Banners übereinstimmen. So wird eine dynamische Idee oder ein genialer Einfall in einem statisch wirkenden Banner (z. B. einer Wolke) seine Wirkung verfehlen. Mit dynamischen Strichen hingegen wird die Aussagekraft verstärkt.

Ein anderes Beispiel: Normen oder Gesetze passen eher in eine Schriftenrolle als in einen dynamischen Werbebanner mit Flugzeug. Kreative Headlines lassen sich mit wenigen Linien entwickeln. Hier eine Sammlung der beliebtesten Darstellungsmöglichkeiten.

Die häufig verwendete Überschriftenwolke lässt sich mit einfachen Tricks plakativer gestalten. Man wählt eine ungerade Anzahl von Schwingungen, drei – fünf – sieben. Eine Ausnahme gibt es: die Cloud (Datenwolke). Diese wird meistens mit vier Schwingungen dargestellt.

Weiters gilt: Die Farbe außen und nicht innen verwenden. Es gibt keine blaue Wolke, sondern der Himmel ist blau. Zudem wird auch der Kontrast zum Text nicht verringert. Trotz aller Optimierungsversuche ist und bleibt die Wolke ein statisch wirkendes Symbol.

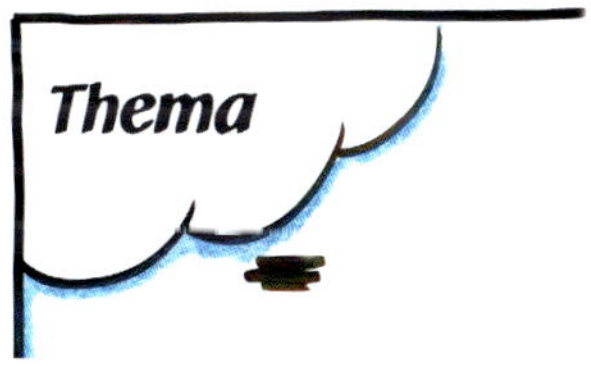

Viel dynamischer und beweglicher als die klassische Wolke wirkt eine invertiert gezeichnete Wolkenform. Auch hier gilt: Eine ungerade Anzahl von Schwingungen sieht besser aus.

Mit starken Dynamikpaketen und zusätzlichen Staubwolken wirkt dieser Banner noch impulsiver.

Eine Ellipse stellt immer etwas Räumliches dar, zum Beispiel eine Insel. So kann ein Thema mit nur einem Strich positioniert werden.

Die Sprechblase ist ein für sich sprechendes Symbol.

Ein Horizont ist ein zukunftsorientiertes Symbol. So lassen sich mit dem Horizont-Banner Überschriften sekundenschnell in eine positive Form bringen.

Das Horizont-Banner, auf beiden Seiten mit wenigen Strichen ergänzt, ergibt eine einfache Fahne.

Die Variantenvielfalt ist hier sehr groß.

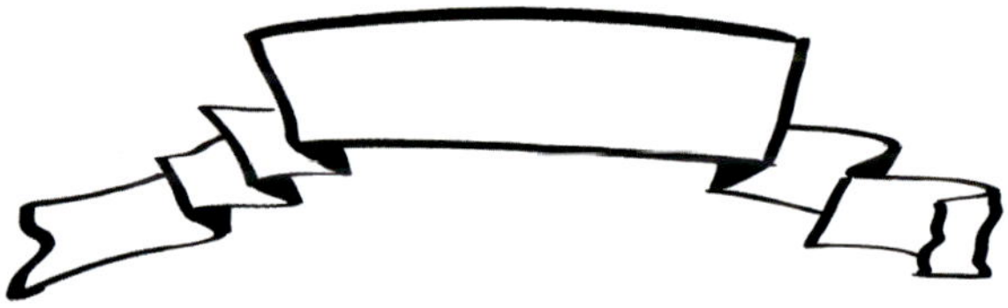

„Plakative Headlines lenken die Aufmerksamkeit und bewirken eine räumliche Tiefe!“

Eine geschwungene Z-Form bildet die obere Grundlinie für diesen Banner. Daraus zwei Vierecke gezeichnet und fertig.

Rückblick, Ist-Situation, Ausblick. Mit dieser Beschriftung könnte diese Fahne eine Besprechungsstruktur vorgeben.

Die Spirale ist die Grundform für den Begriff Entwicklung. So ergeben sich wiederum neue Überschriftenbanner.

Ein Präsentationsablauf, eine Besprechungsstruktur, ein Inhaltsverzeichnis, mit solch einer Agenda können Sie nichts falsch machen.

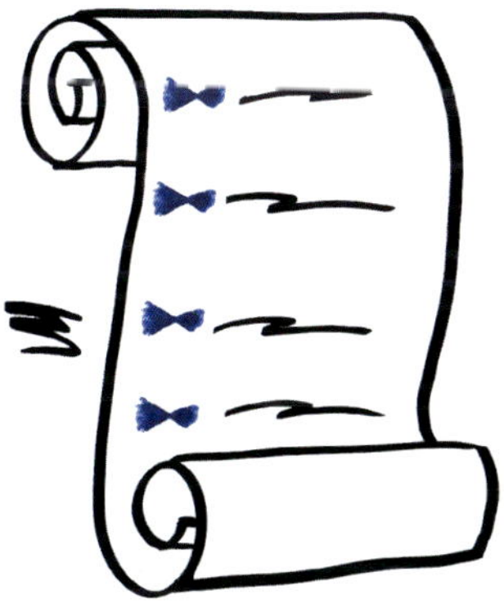

Welche Maßnahmen sind durchzuführen?
Mit dieser Rolle lässt sich eine kreative To-Do-Liste erstellen.

Ein Papier lässt sich nach allen Seiten hin einrollen. Versuchen Sie es!

Diese Kombination aus Pfeil (für Strategie) und Spirale (für Entwicklung) scheint perfekt für die Darstellung einer zielorientierten Strategieentwicklung.

Etwas Neues auszuprobieren ist nicht immer leicht. Aber wenn die Richtung stimmt, fokussiert man sich auf ein Ziel.

Pfeile mit Zielfahne, Zielscheibe oder Zielpunkt sind nur drei von vielen Darstellungsmöglichkeiten.

Schilder, Notizblätter und Plakate aller Art sind dekorativ und informativ.

Geschraubt, genagelt oder geklebt.
Alles ist möglich!

Gestalten Sie Ihre Überschriften individuell, Ihrer Kreativität sind keine Grenzen gesetzt.

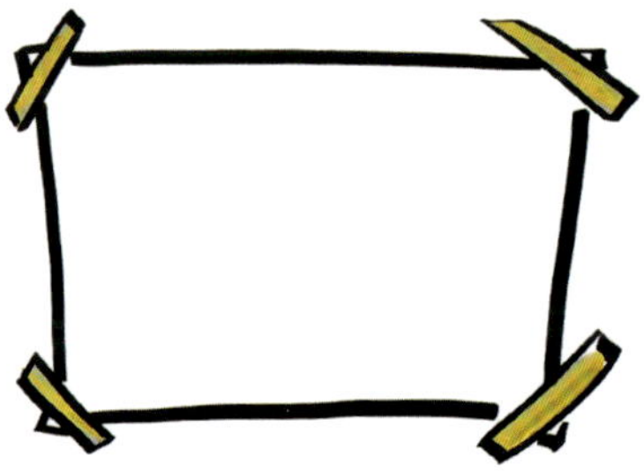

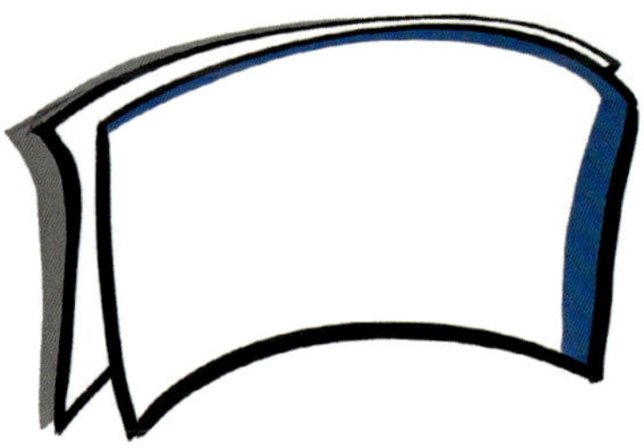

Info-Update

Top-Info !

Ergebnisse

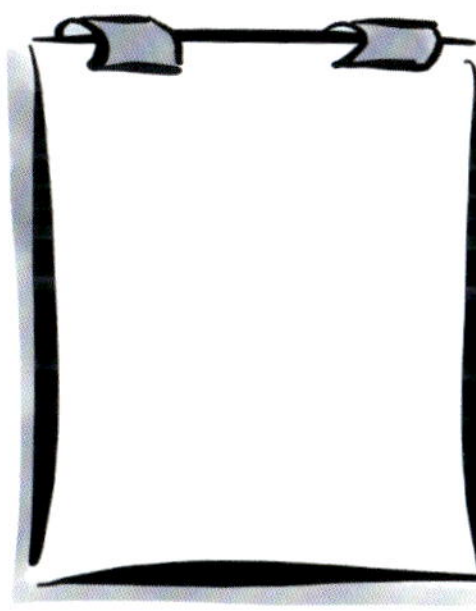

Anwendungsbeispiele und Inspirationen

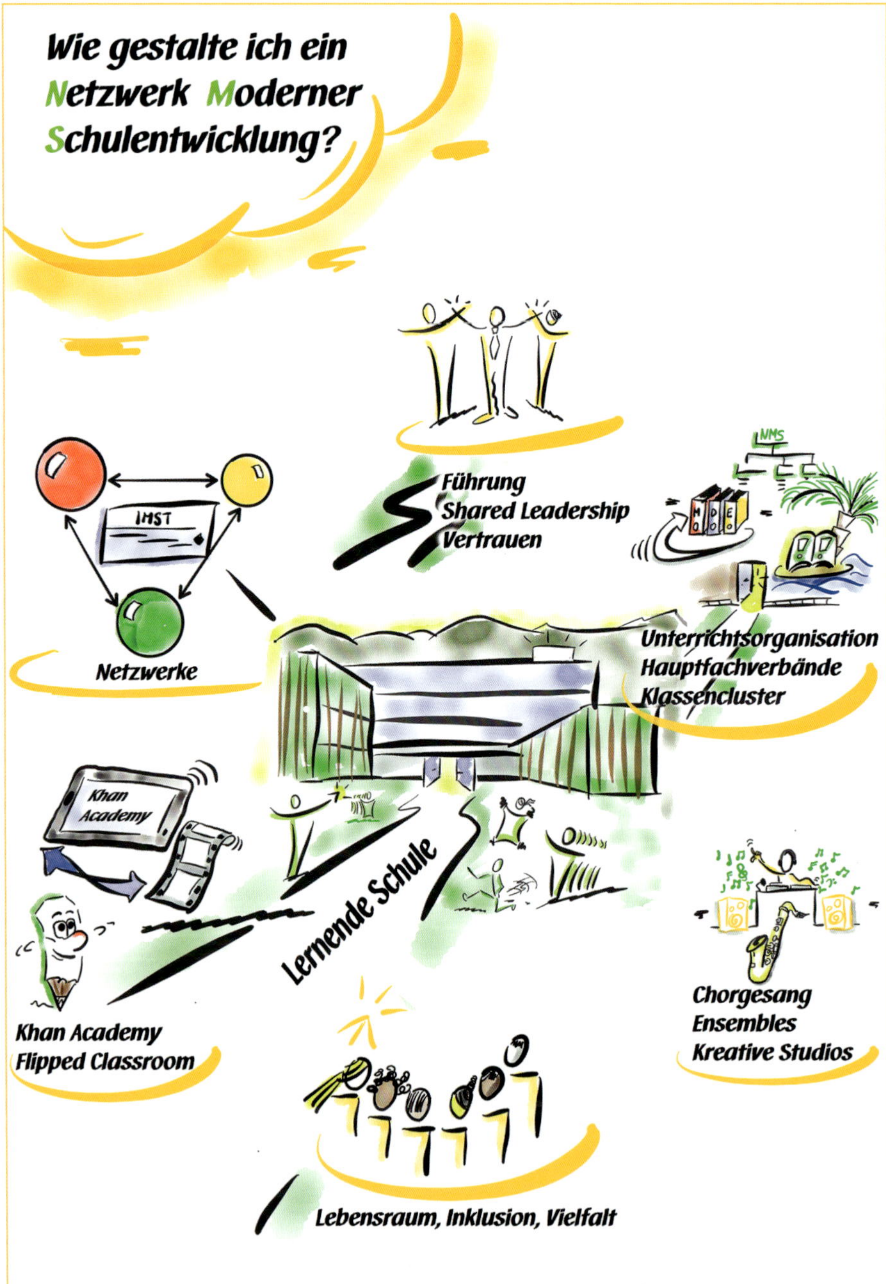

ERFAHRUNGS-
WORKSHOP
Erfolg

Wählen Sie
die optimale
Unternehmensform!
KG
Gmbh
EPU

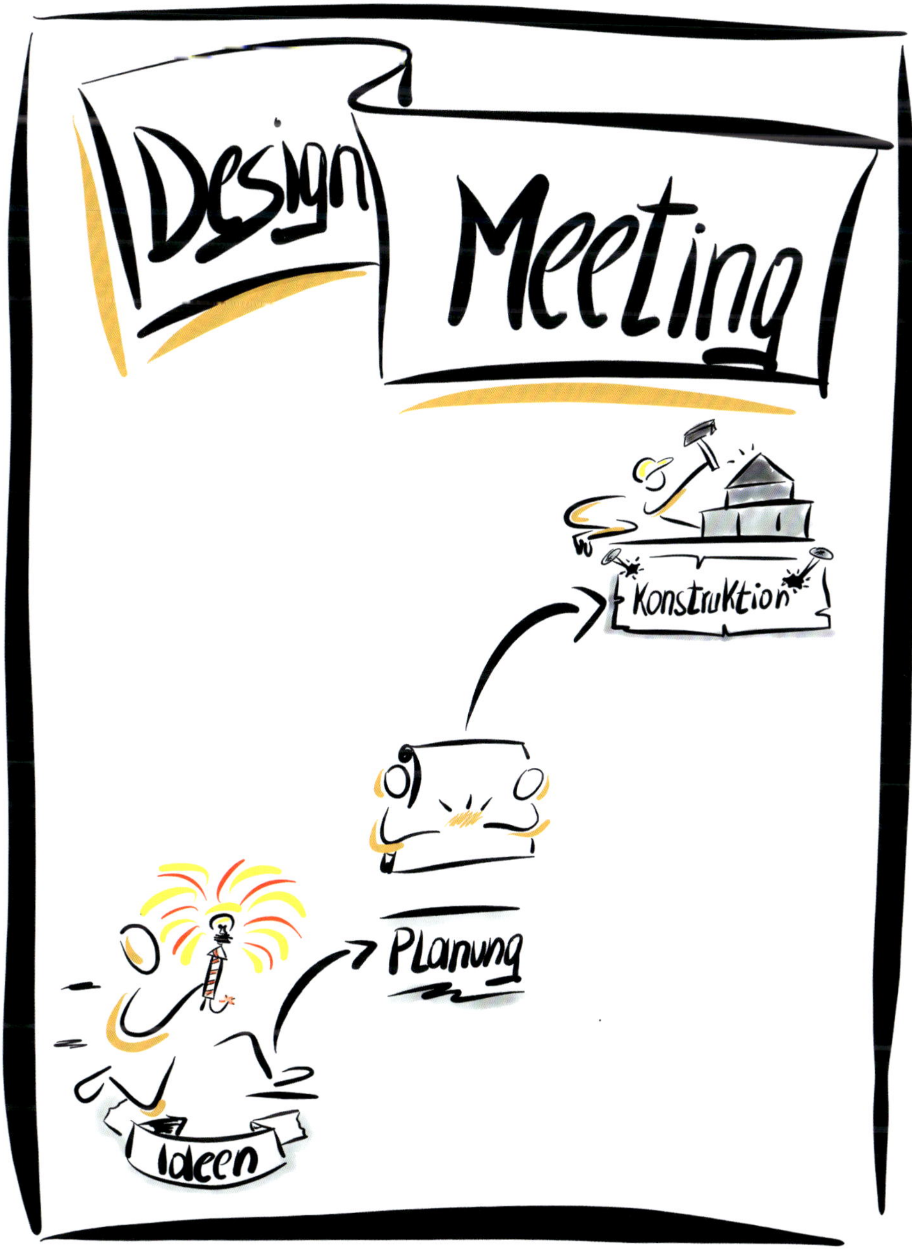
Design
Meeting
Konstruktion
Planung
Ideen

FILM AB!

www.trauner.at/Figuren-zeichnen.aspx

Figuren zeichnen

Wer sich mit dem Thema Körpersprache beschäftigt, wird viel Interessantes und Überraschendes dabei beobachten können. Vertiefende Kenntnisse über dieses Thema versetzen uns nicht nur in die Lage, bei Präsentationen oder Verhandlungen nonverbale Signale richtig zu deuten und einzusetzen, sie lassen uns auch einfache und wirkungsvolle Figuren zeichnen, deren Ausdruck jeder sofort versteht.

Kleidung und zusätzliche Elemente wie Schmuck, Frisur, Bart, Kopfbedeckungen oder diverse Symbole bieten einen wahren Fundus für unterschiedliche Darstellungsarten von Figuren.

Das
Figurenkonzept

Der wesentliche Unterschied zu natürlichen Körperproportionen ist bei Strichfiguren das meist beliebig gewählte Verhältnis der Kopflänge zur gesamten Körpergröße. Im Normalfall beträgt die Gesamtkörpergröße das Siebenfache der Kopflänge. Ich empfehle Ihnen beim Zeichnen ein Größenverhältnis von eins zu fünf. Also fünf Mal die Kopflänge ergibt die gesamte Figurengröße. Das zu wissen ist bereits eine große Hilfe beim Entwerfen von schnell zu zeichnenden Figuren.

» Schon wenige Striche lassen ausdrucksstarke Figuren entstehen! «

Kurzanleitung zur Grundstruktur:

- Zuerst den Kopf rund oder wie hier als stehende Ellipse zeichnen.
- Die fünffache Kopflänge ergibt hier die Gesamtkörpergröße.
- Der Oberkörper besitzt die doppelte Kopflänge.
- Ober- und Unterarmlänge entsprechen wiederum der Kopflänge.
- Ober- und Unterschenkel sind gleich lang.
- Hände und Schuhe beleben zusätzlich.

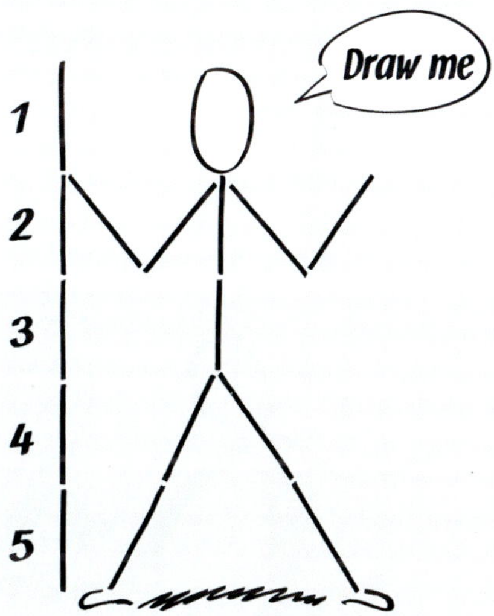

Das Beeindruckende an dieser Grundform ist, dass jedes einzelne Element in Größe und Position verändert werden kann. Dadurch entstehen auf einfache Art und Weise große oder kleine, stehende oder sich bewegende Figuren. Schon mit ein wenig Übung lässt sich das Zeichnen solcher Strichfiguren selbst erlernen.

Strichfiguren sind ein gutes Ausdrucksmittel für schnelle Notizen. Das oben angegebene Figurenkonzept ist hier als Tipp zu verstehen, um eigene kreative Ideen zu realisieren. Klar ist auch, dass die anatomische Korrektheit bei Strichfiguren zugunsten des Ausdrucks in den Hintergrund gerückt werden darf.

> „Dynamik, Schatten und Farbe steigern den visuellen Ausdruck."

Kreative Figuren
entstehen lassen

Um ein herkömmliches Strichmännchen zu zeichnen, benötigt man mindestens sechs, in der Regel neun Striche. Die hier gezeigte Art von Figuren sieht nicht nur besser aus, sie benötigt auch weniger Striche. Wie kann man nun aus Strichfiguren ausdrucksstärkere Figuren mit weniger Strichen zeichnen?

So zeichnet man aus wenigen Strichen ausdrucksstarke Figuren: Zeichnen Sie nur die äußeren Konturen. So lässt sich schon alleine mit einem Kopf und drei zusätzlichen Strichen eine Figur ausdrucksvoll visualisieren. Wie Sie sehen können, wirkt diese Figur gleich voluminöser als eine Strichfigur.

Es gibt ja mittlerweile eine Vielzahl unterschiedlicher Figurenvariationen. Manche verwenden den breiten Flipchartmarker und zeichnen sie nur in groben Zügen, andere wiederum sind überaus detailverliebt, und die bekannten „Mensch ärgere dich nicht"-Männchen gibt es auch noch. Ich finde es persönlich auch toll, wenn man sich aus einem breiten Angebot bedienen kann und nicht jede Figur wie alle anderen aussieht. So sind im Laufe der Zeit auch meine typischen „Flipcharts for Business"-Figuren entstanden. Wichtig war mir immer, dass ich meine Figuren sehr schnell und live während einer Präsentation zeichnen kann, unabhängig davon, welches Medium ich verwende.

Auch in diesem Kapitel werden Visualisierungen gezeigt, die auf analogen und digitalen Medien erstellt wurden. Wie so oft: Der Mix macht's aus!

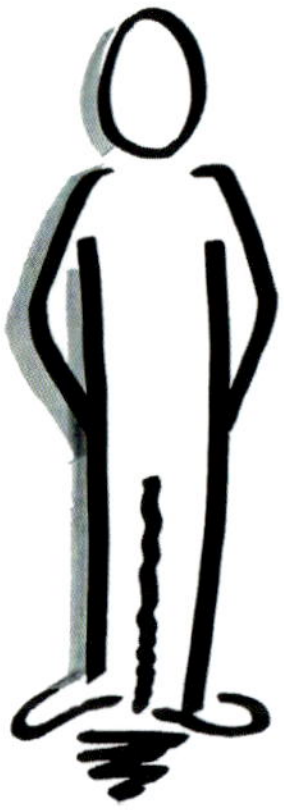

Betrachten wir nun unterschiedliche Variationen an Ausdruck, Aussehen und körpersprachlichen Akzenten.

Eine Ellipse als Kopf und vier Striche für die Kontur der Arme und Beine. Beinahe fertig! Mit Schuhen und Schatten steigern Sie die Wirkung dieser Figur.

Wie wir alle wissen, ist Kleidung Teil der Körpersprache. Nicht umsonst heißt es: „Kleider machen Leute!" Daher lassen sich mit einfachen zusätzlichen Symbolen wie einer Krawatte, einem Schal oder einem Hut auch ganz gezielt Berufsbilder darstellen.

„Mit der Kombination Figur – Symbol lassen sich Situationsbilder ausdrucksvoll darstellen."

Viele meiner Präsentationen beginnen mit einer rhetorischen Frage: „Haben Sie sich möglicherweise schon Gedanken darüber gemacht, wie Sie ... ?“ Mit Gedankenblasen lässt sich dieser Präsentationseinstieg treffend visualisieren.

Im Gegenzug dazu: „Haben Sie nicht schon einmal davon geträumt, dass Sie ...?“ Hier unterstützen Wolken die sprachliche Formulierung.

Globales Denken, Querdenken, bis zum gemeinsamen Gespräch, alle diese Aussagen lassen sich wirkungsvoll darstellen.

Der umgangsprachlich sogenannte Kastldenker, manchmal auch als Quadratschädel bezeichnet, blickt leider nie über den Tellerrand hinaus.

Hier allerdings ist der Kopf rund, damit das Denken die Richtung ändern kann: „Thinking out of the box“, genau das sollte auch unsere Devise sein.

Mit Glühlampen bringen Sie neue Ideen in Ihre visuelle Aussage.

„Lassen Sie Figuren träumen, denken und sprechen!“

Ich bin eine Sprach- oder Sprechbarriere.

Eine positive Nachricht kommt immer gut an!

Hier gibt es einen Hinweis auf Gefahren und Risiken.

Ich bin eine Killerphrase.

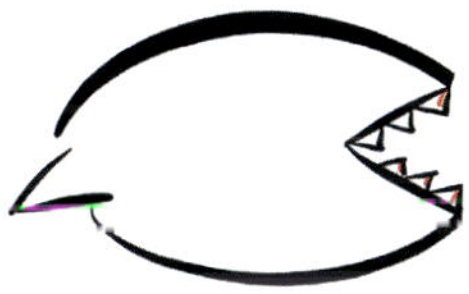

Eine Zielflagge wird zum Zielgespräch.

Ein Textblock bringt viel Inhalt.

Die Cloud beinhaltet Informationen.

Ich bin eine Sprachnachricht.

Ruhe bitte!

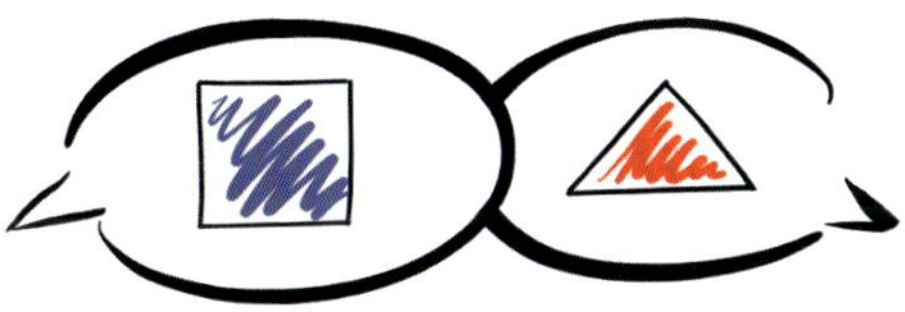

So entsteht ein Missverständnis.

Unterscheiden Sie Wesentliches von Unwesentlichem. Zeichnen Sie z. B. Finger nur, wenn dies dem Gesamtausdruck dienlich ist. Auch durch einen stärkeren Druck auf den verwendeten Stift, einen reduzierten Farbeinsatz oder zusätzliche informative Symbole lassen sich wichtige Informationen hervorheben.

„Nebensächliches weglassen und das Wesentliche vereinfachen!“

Besonders mit Pfeilen und einer Figur lässt sich bereits ein ausdrucksstarkes Fachsymbol entwickeln. Apropos: Development ist ein oft verwendeter Begriff in der Wirtschaft. Mit dem hier dargestellten Symbol ist der Begriff Personalentwicklung visuell auf den Punkt gebracht.

Aber nicht nur einzelne Symbole, sondern auch Zusammenhänge können auf diese Art visualisiert werden.

- Welche Belastungen kommen von außen?
- Welche Maßnahmen wirken sich positiv aus?
- Welche Aktionen wirken hemmend?

Figuren an Gleitschirmen, Fallschirmen oder als Drachenflieger in Landschaften zu integrieren ergibt eine visuelle Punktlandung. Nicht umsonst sagt man: „Alles Gute kommt von oben."

Das Größenverhältnis von Figuren spielt eine wesentliche Rolle. So lassen sich Hierarchien und verantwortungsvolle Positionen darstellen. Mit Größenunterschieden lässt sich etwa das Verhältnis Eltern – Kinder, Lehrer – Schüler oder wie in diesem Fall Vorgesetzter – Mitarbeiter zeichnen.

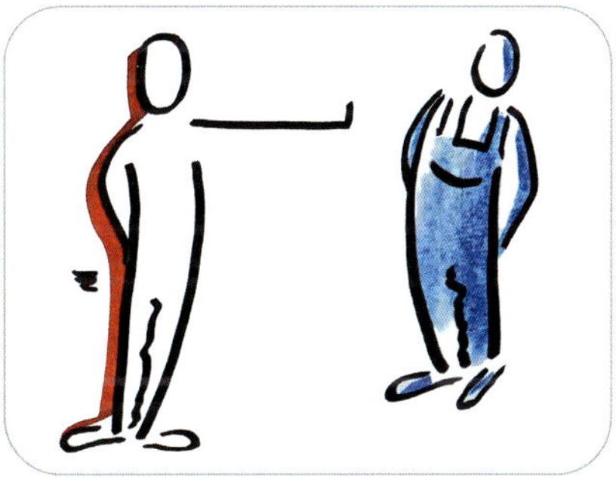

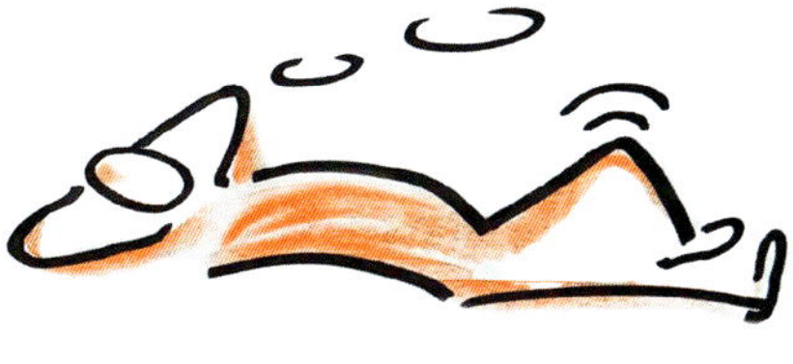

Mit wenigen Extrastrichen werden Figuren in Bewegung gesetzt.

Diese Linien zeigen, woher die Figur gerade kommt. Staubwolken machen Bewegungen rasanter. Ein zusätzlicher Schatten hebt die Figur vom Boden ab.

„Straßen, Wege, Flüsse, Berge bringen Richtung in eine visuelle Story.“

Weibliche Strichfiguren lassen sich vor allem durch die Haarpracht und die Kleidung charakterisieren.

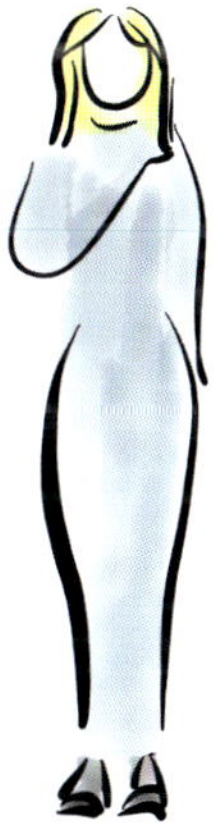

Diese Figur bekommt ihren Ausdruck vor allem durch die Kontur der Haare und den schmalen Stand.

Weitere Möglichkeiten zur visuellen Differenzierung von Mann und Frau sind Farben und Körperformen.

„Körpersprache unterstützt die Aussagekraft."

Wie aber zeichnet man Kinder? Einerseits kleiner, andererseits lebendiger. Hier einige Beispiele, wie Sie aufgeweckte Kids einfach darstellen können.

„Auch wenn's manchmal nicht so rund läuft, Übung macht den Storydrawer!"

So entsteht die Figurenfamilie:

Aber es geht noch einfacher. Kopf und Hände zeigen bereits Ausdruck. Auch hier schaffen zusätzliche Symbole Klarheit.

„Mit einfachen Strichen zum Erfolg. Das ist das Ziel von Storydrawing!"

Wichtiges zusammengefasst:

- Überschneiden bedeutet hintereinander liegend.
- Vorne Liegendes wird größer gezeichnet.
- Dahinter Liegendes wird kleiner gezeichnet.
- Oben Gezeichnetes wirkt als dahinter liegend.
- Schatten heben die Information vom Boden ab.
- Feine Linien bedeuten hinten liegend.
- Dynamische Striche lassen Raum entstehen.

Visualisieren von Gruppen
und Teams

Team und Gruppe werden mit unterschiedlichen geometrischen Grundformen visualisiert. Eine Gruppe stellt man in Form eines Rechtecks dar, ein Team hingegen als Kreis. So lassen sich auf einfache Weise Projektgruppen von Projektteams unterscheiden. Für die Ambitionierten unter uns noch ein Tipp zur Farbgestaltung: Die Grundfarbe einer Gruppe ist Blau, jene eines Teams Orange. Natürlich lassen sich auch andere Farben zur Verbesserung der visuellen Kommunikation einsetzen, um eine spezifische Bedeutung plakativer auszudrücken.

Gruppe

Erfolgreiche Gruppe

Gemischte Gruppe

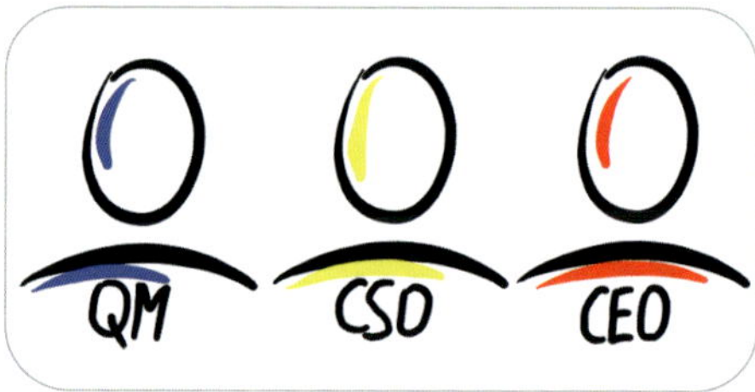

Funktionen in einer Gruppe

Fachforum

Netzwerk

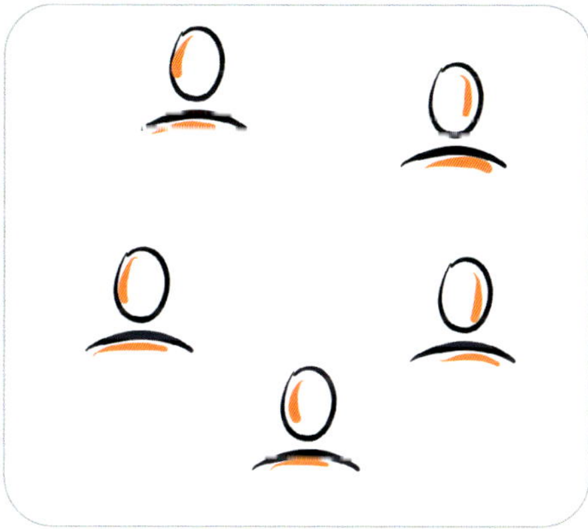

Team

Projektteam

Gemeinsam zum Erfolg

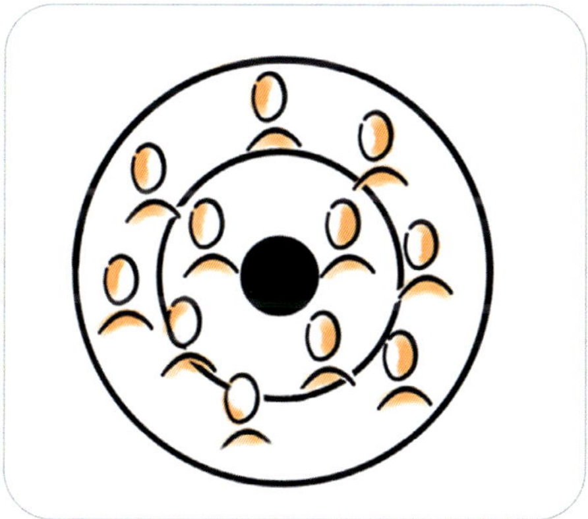

Zielgruppe

Dialog

Konsens

Mit dem Wind

Alle in einem Boot

Gegen den Strom rudern

Seilschaft

Gemeinsam

FILM AB!

www.trauner.at/sketchnoting.aspx

Sketchnoting Begriffe

Sketchnotes werden verwendet, um wichtige Begriffe, die im Gedächtnis bewahrt werden sollen, verständlich und nachhaltig zu vermitteln. Präsentationen, Konferenzen, Moderationen und Schulungen wirken besonders effizient, wenn konkrete, aber auch abstrakte oder komplexe Informationen mit wenigen Strichen sichtbar gemacht werden. Man erreicht dies durch Wort-Bild-Kombinationen, also sketches (Skizzen) und notes (Notizen). Damit werden Inhalte schnell und kompakt festgehalten. Die Notiz ist in der Regel nur ein einziges Wort. Besonders wirkungsvoll ist Sketchnoting, wenn Informationen live auf Flipchart, Pinnwand oder digitalen Medien dargestellt werden. Dabei kommt es gar nicht darauf an, dass man besonders gut zeichnen kann, sondern es geht vor allem um den Akt des Erschaffens. Je einfacher die Darstellungen sind, desto besser.

Das visuelle Wörterbuch

Die Grundlage für das Sketchnoting ist ein umfangreicher visueller Sprachschatz. In diesem Kapitel werde ich Ihnen zeigen, wie simpel es sein kann, hundert oder zweihundert Begriffe schnell und einfach zu visualisieren. Das klingt zunächst herausfordernd, ist es aber nicht. Wichtig dabei ist, komplexe Begriffe einfacher zu denken.

Basierend auf den bisher beschriebenen geometrischen Formen setzen wir nun Begriffe in dazugehörige Bilder und Symbole um. Wir erörtern zunächst die gängigste Grundform, das Viereck.

Viereck

Ob als Rechteck, Quadrat, Parallelogramm, Trapez oder Raute gezeichnet, dieser Grundform begegnen wir in der von Menschen gemachten Welt sehr häufig. In der Natur hingegen findet man sie sehr selten. Versuchen Sie mit der Zeit die Zeichengeschwindigkeit zu steigern.

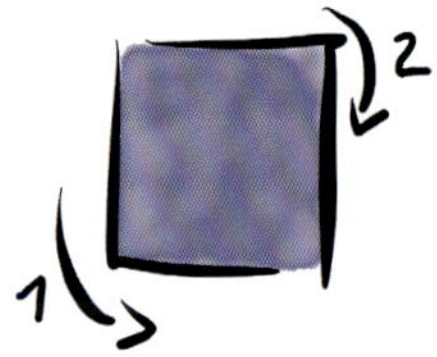

Assoziationen zur Grundform Viereck

- Aktentasche
- Aktie
- Aktionsraum
- Ausgrenzung
- Barriere
- Begrenzung
- Bett
- Bild
- Box
- Briefmarke
- Broschüre
- Buch
- Büro
- Chip
- Computer
- Diplom
- Dokument
- Ecken
- einfach
- Fenster
- Fläche
- Flipchart
- Gebäude
- Geldschein
- Gruppe
- Haus
- Heft
- Kalender
- Kanten
- Kiste
- Koffer
- Korrektheit
- Laptop
- Leinwand
- Markt
- Mauer
- Mobilphone
- Notebook
- Ordner
- Ordnung
- Organisation
- Paket
- Papier
- Pinnwand
- Plakat
- Produkt
- Projektor
- Rahmen
- Raum
- Ressource
- Schachtel
- Schatztruhe
- Schild
- Schrank
- Schranke
- Schreibtisch
- Schwarzes Brett
- Schwimmbad
- Sessel
- Spiegel
- Spielfeld
- Spielkarte
- Stabilität
- statisch
- Struktur
- Tabelle
- Tafel
- Tasten
- Telefon
- Tisch
- Tresor
- Tür
- TV-Gerät
- Unternehmen
- Verhandlung
- Vertrag
- Wand
- Würfel
- Zeitung
- …

Ein Viereck als Rahmen oder Rahmenbedingung.

Ein Feld, ein Handlungsfeld oder wie hier ein Spielfeld.

Starten wir unsere umfangreiche Symbolsammlung, die zu den verschiedensten Themenbereichen neue Visualisierungsideen und -impulse liefert.

Dokumente, Bücher, Vertrag

Ein Viereck mit zusätzlich drei Linien wird zu einem Dokument.

Geschwungene Linien lassen den Dokumentenstapel dynamischer wirken.

Mit Dynamikpaketen bringen Sie Schwung in den Aktenstapel.

Kontur oben und unten.

Seitenränder hinzugefügt.

Ein Buch als Ergebnis.

Zusätzliche Linien bewirken mehr Volumen.

Farbe zeigt Wirkung.

Die Kombination Symbol und Text schafft Klarheit.

„Geschwungene Linienformen bringen Bewegung ins Bild!“

Ein Ordner als Symbol für Einordnen oder Zuordnen.

Rot, Gelb, Grün signalisieren Stop, Vorsicht und freie Fahrt. So wird auch ein Projektstatus angezeigt.

Auch ein Schubladen-system sorgt für Ordnung.

Hier sind die Aufgaben gemäß Checkliste erledigt.

So wirkt es normgerecht.

Rechtskonform wird es mit Paragrafenzeichen.

Ein Taschenrechner mit einfacher Tastatur.

Zeitungen beinhalten interessante Informationen.

Ein typisches Schulheft, wie wir es alle kennen.

Zunächst ein Siegel.

So entsteht ein Vertrag.

Bei einem Diplom ist das Siegel meistens rechts oben.

Bevor Sie einen Vertrag unterschreiben, bitte alles genau lesen! Mit einer eckigen Lesebrille sieht man auch das Kleingedruckte.

Nehmen Sie Ihre neuen Visualisierungsideen zum nächsten Kundenbesuch mit! Ihre Kompetenz wird dadurch sichtbar.

Für den Begriff Spielregeln eine Spielkarte.

Diese Karten möchte niemand haben.

Ein Würfel gilt natürlich auch.

Präsentationsmedien

Mithilfe eines Vierecks, perspektivisch oder auch nur zweidimensional, kann man rasch unterschiedliche Medien darstellen.

Beim Flipchart beginnen wir mit einem Chart …

… fügen eine Stange hinzu …

… und ergänzen mit einer Ellipse.

Die Pinnwand braucht wiederum als Grundform ein Rechteck.

Standbeine mit zwei Strichen hinzugefügt.

Ein Schatten steigert den Ausdruck.

Ein Viereck wird zu einem Projektor.

Mit einem Bedienfeld lässt er sich auch einschalten.

Leinwand und Farbe, so leuchtet die Power Point-Päsentation.

Ein digitales Board digital gezeichnet.

Stiftablage hinzugefügt.

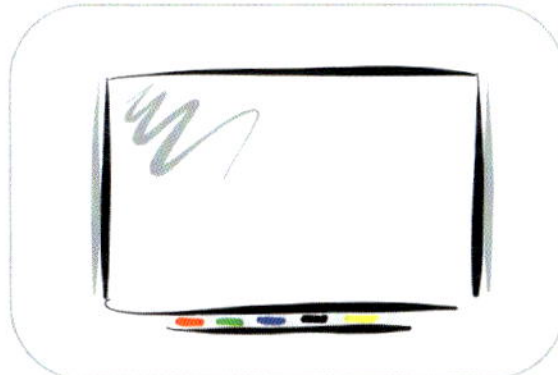

Dann brauchen wir nur noch ein paar farbige Striche.

„Flipchart und Pinnwand fördern die Interaktion!“

Computer, Smartphone und Tablet

In der Welt der Mobilität finden eine Vielzahl von normierten Symbolen und Standards ihre Verwendung. Denken Sie dabei an die Icons von WhatsApp, SMS und E-Mail. Dies unterstützt, ähnlich wie bei Verkehrszeichen, eine Standardisierung. Das bedeutet für uns: Falls es bereits Standardsymbole gibt, brauchen wir keine Neuen erfinden.

Allerdings, diese bildhafte Sprache in eine erkennbare Form zu bringen und dabei keine inhaltlichen Qualitätsverluste in Kauf nehmen zu müssen, das ist die Herausforderung für die Visualisierung mit der freien Hand.

Zeichnen Sie zuerst den Bildschirm im Format 16:9 und nicht mehr 4:3.

Ein weiteres Rechteck lässt bereits einen Laptop erahnen.

Touchpad und Tastatur nicht vergessen!

TV, Radio, Computer, Notebook, Smartboard oder Surface Hub, alle diese Symbole werden fast ausnahmslos mit der Grundform Viereck gezeichnet. Unser modischer Bildschirm macht da keine Ausnahme.

Ein Smartphone weckt Assoziationen wie Kommunikation, „Wir bleiben in Kontakt“, Rufbereitschaft, ständige Erreichbarkeit und noch vieles mehr. Auch hier gilt:

- Ein Viereck mit abgerundeten Ecken bestimmt die Grundform.
- Ein großes Display kennzeichnet ein modernes Smartphone.

» Analog und digital – bringen Sie Ihre Ideen visuell auf den Punkt! «

Mit Laptop, Tablet und Smartphone lassen sich heutzutage ganze Produktionsanlagen steuern. Mit dem folgenden Bild könnte bereits eine Story über die Möglichkeiten der Steuerung und Funktionen eines kollaborierenden Roboters dargestellt werden. (Aber dazu kommen wir noch später.)

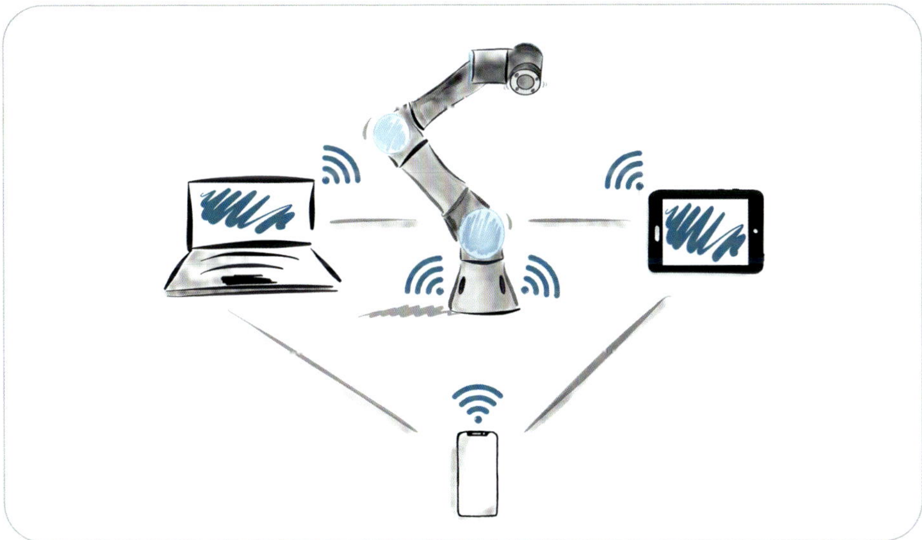

Waren, Produkte und Vertrieb

Ein Produkt wird meist verpackt. Als Produktfarbe wird häufig Blau verwendet.

Der Buchstabe Q hinzugefügt, so wird aus einem Produkt ein Qualitätsprodukt.

Ein offenes Paket kann auch für eine Überraschung sorgen.

Ein Fließband oder, wie hier gezeichnet, Produkte auf einem Förderband stellen eine Massenproduktion dar.

Im Verkauf heißt die Devise Ware gegen Geld. Dazu einige Geldsymbole:

Preis, Lohn-, Sach- und
Herstellungskosten, alle diese Begriffe
sind leicht zu visualisieren.

Wenn der Goldpreis steigt,
bedeutet das nicht immer etwas Gutes
für die Wirtschaft.

Rücklagen sind wichtig!
Ob die Schatztruhe der richtige Ort ist?

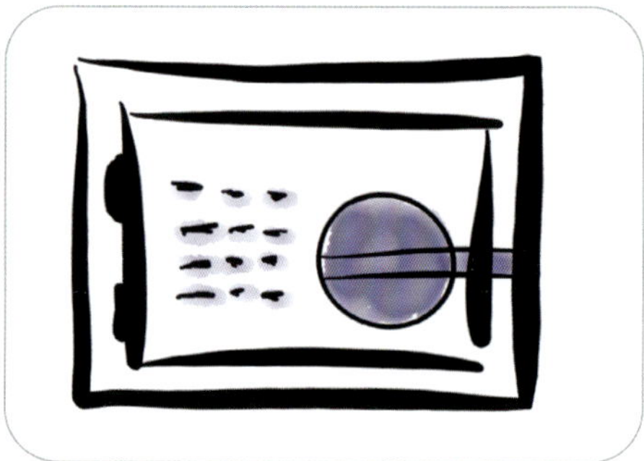

Ich würde lieber den Tresor bevorzugen.

Nur Bares ist Wahres. Weitere Geldsymbole finden Sie bei der geometrischen Grundform Kreis.

Eine Rechnung braucht ein Währungssymbol.

Unter dem Strich kommt die Rechnungssumme heraus.

Manchmal kommt die Rechnung im Kuvert.

Ein Standardsymbol für den Begriff Projekt ist das Gantt-Diagramm.

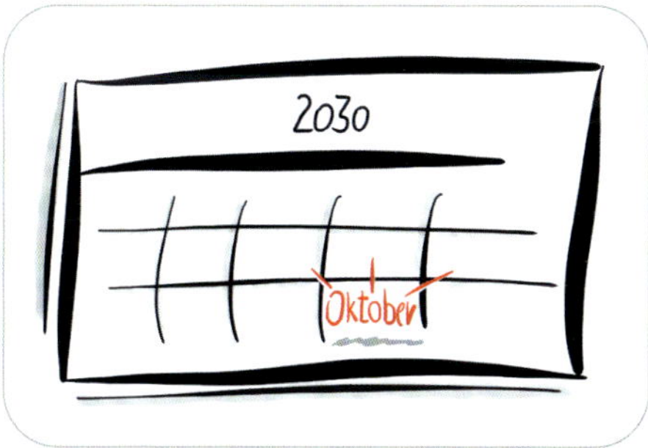

Monate, Quartale und Jahre werden als Plan dargestellt. Da können auch wichtige Termine vermerkt werden.

Standardisierung

Dieser Begriff wird häufig als Ablaufplan gezeichnet. Gerne findet diese Symbolik auch Anwendung für Prozessabläufe, Programmabläufe und standardisierte Vorgehensweisen.

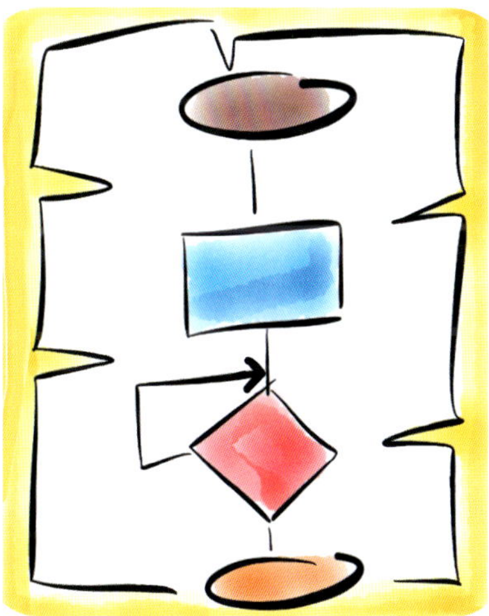

Die Glasscheibe eignet sich als Symbol für Begriffe wie Transparenz oder Spiegelbild.

Diese Türe eröffnet neue Perspektiven.

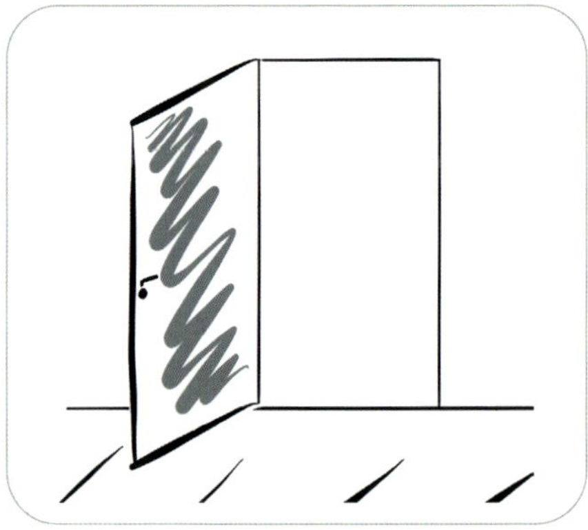

„Kannst du mir die Türe öffnen?“ bedeutet: „Kannst du mir einen Kontakt herstellen?“

Ein visuelles Vokabular für Begriffe wie Markt, Wareneinkauf und erfolgreicher Vertragsabschluss lässt sich vor allem bei Vertriebsschulungen, Kundengesprächen und Unternehmenspräsentationen sinnvoll einsetzen. Verwenden Sie vorwiegend Symbole, die den Menschen aus dem Alltag geläufig sind.

Ein Warenkorb als Einkaufswagen dargestellt, das erkennen alle Onlineshop-Besucherinnen bzw. Onlineshop-Besucher. Dasselbe gilt für den Marktstand als Symbol für ein Warenangebot oder ein Siegel für Qualität und Qualitätsmerkmale.

Wareneinkauf
Ein voller Einkaufswagen, verbunden mit Symbolen der Dynamik, wirkt sehr plakativ.

Einkaufstasche
Nach wie vor typische Symbole für den Wareneinkauf sind die Einkaufstasche oder der Einkaufskorb.

Warenkorb
Anstatt des Einkaufskorbes kann auch der Warenkorb verwendet werden.

Angebot oder Ausverkauf
Verwenden Sie für diese Begriffe bekannte und vertraute Symbole aus der Welt des Verkaufs.

Preismarke
Auf das Preisschild blicken Menschen während des Einkaufs sehr oft. Daher sind Preisangaben in dieser Form sehr vertraut.

Gebäudeformen mit Ecken und Kanten

Zu den wichtigsten Symbolen, die sich aus Rechtecken zaubern lassen, zählen Häuser und Gebäude. Gebäudeformen sind ausgezeichnet für plakative Darstellungen einsetzbar. Ob Reihenhaussiedlung, Wolkenkratzer oder Produktionshalle, die Grundregeln sind immer dieselben:

- Anhand der äußeren Form lassen sich unterschiedliche Gebäudetypen darstellen.
- Gerade gezeichnete Außenwände erzeugen einen statischen Ausdruck. So visualisiert man stabile Einheiten, wie z. B. ein Reihenhaus.
- Geschwungene Wände werden mit dynamischen veränderungsbereiten Unternehmen assoziert.
- Bei Firmengebäuden lassen Logos und Produktkennzeichen klare Unterscheidungsmerkmale zu. Integrieren Sie diese Symbole als Werbetafel oder Firmenschild.
- Ebenso erzeugen unterschiedliche Fensterkonturen wirkungsvolle Akzente.

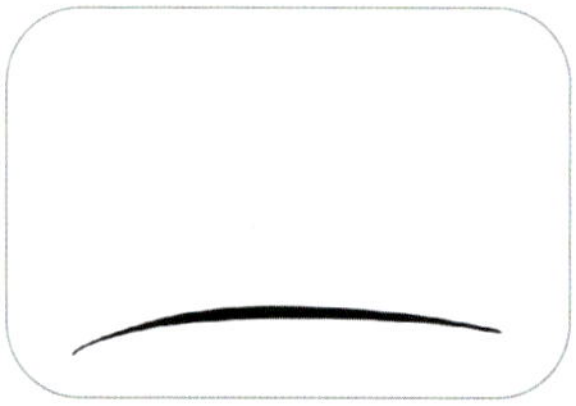

Zeichnen Sie einen Horizont.

Darauf ein Viereck. Mit einer Seitenansicht wirkt das Ganze räumlicher.

Falls noch Zeit bleibt, ergänzen Sie Fensterzeilen und Eingangstür.

Im Vergleich dazu ein Reihenhaus mit geraden Außenwänden.

Statisch wirkende Gebäude werden auch mit Dynamikpaketen in Schwung gebracht.

Logos und Symbole kennzeichnen Gebäude.

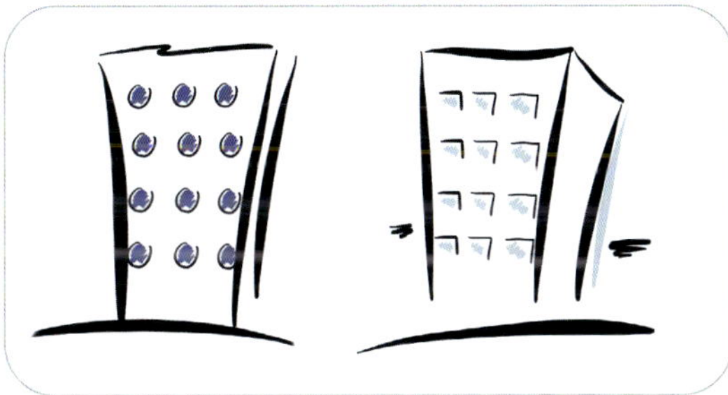

Unterschiedliche Fensterformen bringen Abwechslung in die Fassade.

Mit dem Zusatz 122 würde hier ein Gebäude der Feuerwehr entstehen.

So erstrahlt ein ganzer Gebäudekomplex in neuem Glanz.

Ebenso können wissenschaftliche Einrichtungen, Hochschulen und Universitäten, wie hier der Science Park der Johannes Kepler Universität Linz, plakativ visualisiert werden.

Industriegebäude und Produktionshallen sind charakterisiert durch die typische Dachform. Der Schornstein ist zwar vielerorts nicht mehr zeitgemäß, aber in unseren Köpfen fest verankert.

Dreieck

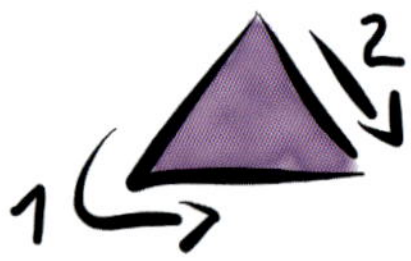

Das Dreieck vereint wie keine andere geometrische Form vollkommene Gegensätze in sich. Es symbolisiert gleichzeitig Schutz und Gefahr, Männlichkeit und Weiblichkeit oder Stabilität und Unsicherheit.

Je nachdem, ob ein Dreieck auf einer seiner Seiten stabil steht oder auf einer seiner Spitzen stehend umzufallen scheint, ist die Wirkung sehr unterschiedlich. Als Pyramide findet die Dreiecksform ihre wohl bekannteste Verwendung. Sie drückt Stabilität und Tradition aus, wird aber auch gerne zur Illustration von Gruppierungen und Klassifikationen verwendet (z. B. Ernährungspyramide).

Assoziationen zur Grundform Dreieck

- Anstrengung
- Balance
- Berg
- Dach
- Drache
- Dreiecksbeziehung
- Dreifaltigkeit
- Eisberg
- Gefahr
- Gleichgewicht
- Haifischflosse
- Herausforderung
- Hierarchie
- Instabilität
- Keil
- Konfliktmediation
- Magie
- Mathematik
- Pyramide
- Rampe
- Sanduhr
- Schutz
- Segel
- Spitze
- Stabilität
- Stachel
- standfest
- Top-down
- Trichter
- Unsicherheit
- Waage
- Wimpel
- Zelt
- Zielstrebigkeit
- Zirkel
- ...

„Ein Dreieck auf der Spitze bewirkt eine hohe Aufmerksamkeit."

Ganz anders ist die Wirkung eines auf einer Seite stehenden Dreiecks. Es signalisiert wenig bis keine Dynamik.

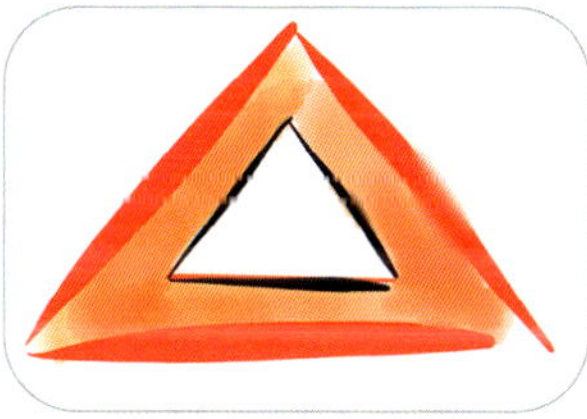

Welches Dreieck gibt uns Menschen Schutz? Das Dach, unter dem wir uns geborgen fühlen. Ebenso bietet uns das Zelt ein Dach über dem Kopf

Symbole zur Grundform Dreieck

Das Dreieck als Grundform für ein Zelt.

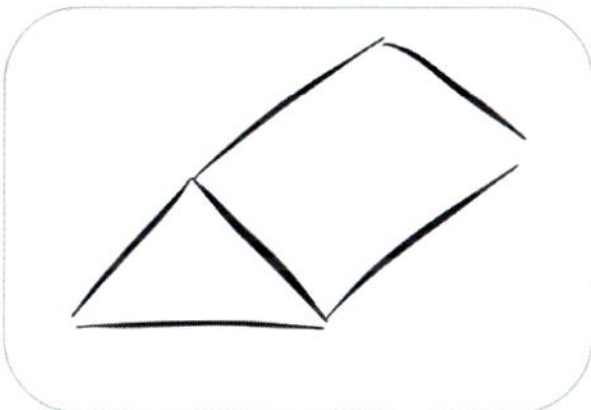

Perspektive wirkt.

Kreativität darf nicht fehlen.

„Auf einer Seite liegend wirkt ein Dreieck stabil und sicher."

Eine geometrische Form, die Berge versetzen kann. Aber dieses Symbol kann noch für viele weitere Begriffe verwendet werden: von Anstrengung, Herausforderung, Begrenzung bis hin zum Gipfel des Erfolgs.

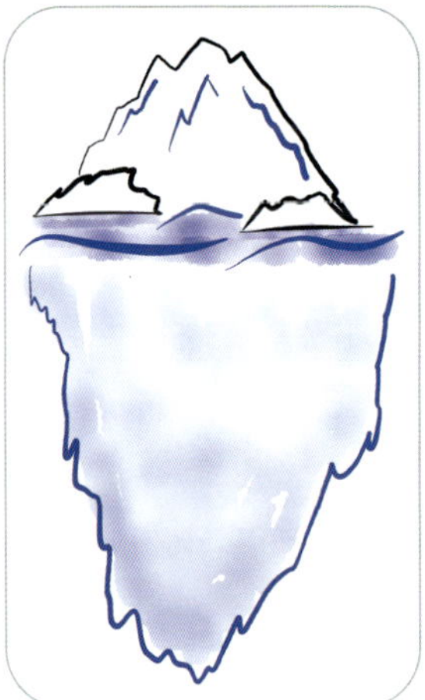

Unzählige Modelle, Theorien, Konzepte und Methoden werden mithilfe eines Eisbergs dargestellt. Vorwiegend aber werden damit Kommunikationsmodelle verdeutlicht, die auf der sogenannten 80/20-Regel des Pareto-Prinzips basieren. So wie das Johari-Fenster, das Vier-Ohren-Modell oder auch die verbale und nonverbale Kommunikation.

Mit einem Dreieck verbinden viele Menschen Aktivität und Dynamik. Alles zielt auf Bewegung ab.

Wer sich noch an den Geometrieunterricht in der Schule erinnert, weiß, welche zentrale Rolle das Dreieck spielt. Wie Sie hier sehen können, ist das nicht nur Theorie.

Eine der mächtigsten Dreiecksformen ist die Pyramide

Sie vermittelt uns den Eindruck von Standfestigkeit und Stabilität. Denn eine Pyramide kann nicht umfallen. Mit ihrer Form visualisiert man die besten Argumentationstechniken, in welchen der rhetorische Fünfsatz auf den Kopf gestellt wird. Viele Unternehmen setzen daher auf diese Symbolik, um Produkte und Dienstleistungen verständlich darzustellen.

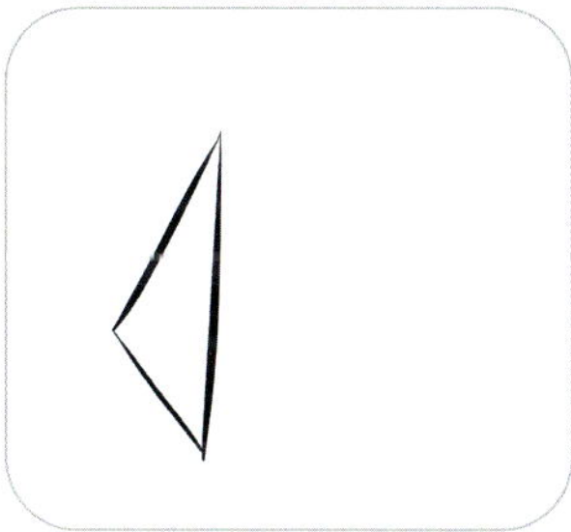

So einfach geht's! Denken Sie zunächst an einen Windsurfer …

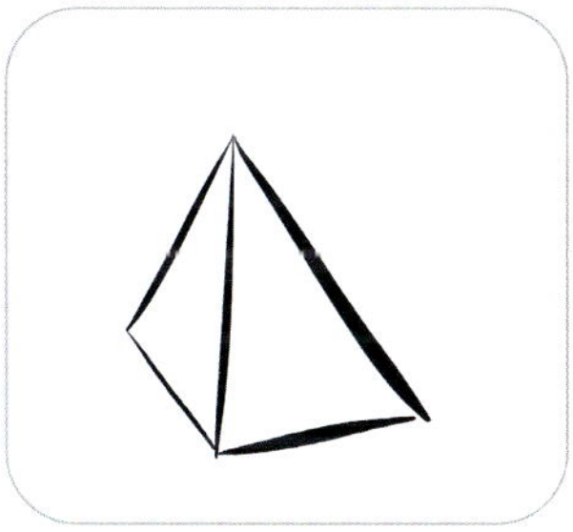

… und auf der anderen Seite an ein großes Segelschiff.

Zielfahne und Unterteilungen werden nach Bedarf hinzugefügt.

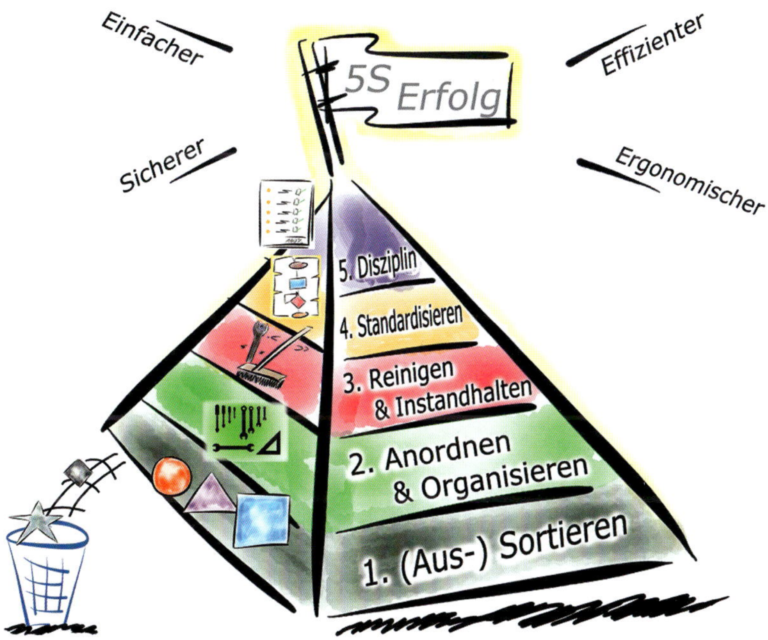

„Arbeitsabläufe und -konzepte mit einer Pyramide strukturieren.“

„Mit Pyramiden lassen sich sehr komplexe Inhalte verständlich und nachhaltig visualisieren."

Die Dreiecksbeziehung, das Drama-dreieck, das Magische Dreieck, das Ich-Wir-Es-Modell oder wie hier das Branddreieck ... es gibt unzählige Dreieckstheorien. Kombinieren Sie Symbole und Texte mit dieser Grundform und erzeugen Sie damit Klarheit!

Eine Waage oder Schaukel hat als Basis ebenfalls eine Dreiecksform. Themen wie zum Beispiel „In Balance kommen", „Ausgleich finden" oder „Work-Life-Balance" lassen sich damit visuell ausdrücken.

Die Justiz sorgt für Gerechtigkeit.

Soll und Haben sollten immer ausgeglichen sein.

Geben und Nehmen in Balance.

Im Vergleich zur kreisrunden Uhr wirkt die aus zwei Dreiecken geformte Sanduhr gemächlich. Ein Symbol also für träge und langsam fortschreitende Tätigkeiten.

Pfeile und **Pfeilbilder**

Pfeile sind Abwandlungen der geometrischen Grundform Dreieck und zeigen uns Richtungen und Entwicklungen an. Bereits vor vielen tausend Jahren waren Pfeile nicht nur Waffen, sondern dienten auch der Orientierung. Sie helfen uns bei der Bewältigung des Alltags. Ob Hinweisschilder im Straßenverkehr, im öffentlichen Raum, in Einkaufszentren und öffentlichen Gebäuden oder Leitsysteme in Krankenhäusern: Ohne Pfeilsymbole geht fast gar nichts mehr. Die Einfachheit dieser Symbole soll gewährleisten, dass Missinterpretationen oder Missverständnisse in dieser bildhaften Übersetzung eines Textes weitgehend auszuschließen sind.

Assoziationen zur Grundform Pfeil

- Abfall
- Anstieg
- Dynamik
- Gemeinsames
- Geschwindigkeit
- Hinweis
- Orientierung
- Prozess
- Richtung
- schafft Beziehung
- setzt Relationen
- Strategie
- Trennung
- Veränderung
- Verbindung
- Verknüpfung
- Zeitachse
- ...

„Vorgegebene Richtungen und Ziele lösen bei einem Kick-off wahre Motivationsschübe aus.“

Pfeile geben Orientierung

Pfeile zeigen Hinweise und geben Richtungen vor. Mit Wegmarkierungen lassen sich also konkrete Empfehlungen bildhaft visualisieren.

Text in die Pfeilform integriert schafft zusätzlich Klarheit. Das Straßenschild „Einbahnstraße“ gilt hier als wohl bekanntestes Beispiel.

Hier gibt es nur eine Richtung, in die man gehen kann.

Der Begriff Alternative im Gegensatz zur bekannten Weggabelung.

Ein Entscheidungsbaum als einprägsame Kombination wird gerne in der Wirtschaft verwendet.

» Der Einsatz der Kombinationen Pfeil mit Figur oder Pfeil mit Symbol ist bei berufsspezifischen Darstellungen einfach ein Hammer. «

So können Auswirkungen von Maßnahmen auf die Qualität, der Kundennutzen sowie auch unternehmerische Wege in eine bildhafte Sprache übersetzt werden.

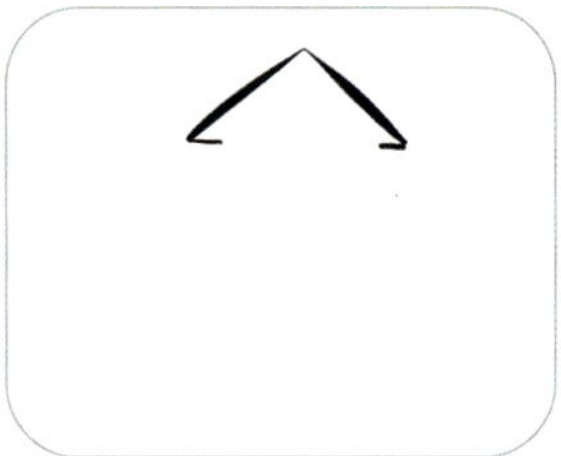

Ich empfehle bei der Pfeilspitze zu beginnen. Hat diese zwei gleich lange Seiten, dann ist das Schwierigste schon geschafft.

Wichtig erscheint mir die Perspektive. Vorne wird größer gezeichnet, hinten kleiner.

Räumliche Darstellungen sind ideal, um Texte hinzufügen zu können. Verwenden Sie dabei eine aktive Sprache. „Let's fetz!"

Farbe, Dynamik und Schatteneffekte komplettieren diese Pfeilform. Beachten Sie die Nummerierung: Sie ist zum Ziel hin aufsteigend und nicht vom Ziel weg.

Pfeilsymbole für Projekt- und Prozessmanagement

Pfeile werden häufig in den Bereichen Projekt- und Prozessmanagement eingesetzt. Sie führen nicht nur zur besseren Verständlichkeit von Projektinhalten, sondern stellen Gesamtsituationen einfacher dar.

Prozess
Die Verwendung einer bestimmten Pfeilform ist hier Standard. Daher empfehle ich, sie auch so zu verwenden, um die Unterscheidung zum Begriff Strategie sicherzustellen.

Strategie
Dem Begriff Strategie liegt, wie bereits oben dargestellt, auch das grafische Element Pfeil zugrunde, hier allerdings in einer anderen Form als der Prozesspfeil.

„Mit Prozesspfeilen lassen sich kreative und ausdrucksstarke Abläufe zeichnen."

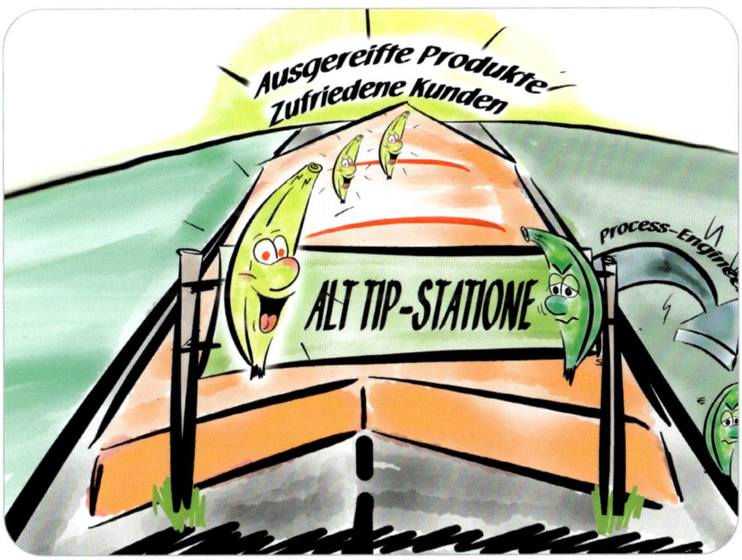

Eine klar definierte Zielformulierung ist für eine erfolgreiche Projektdurchführung unabdinglich. Der Weg zum Ziel ist gekennzeichnet von unterstützenden Faktoren, aber auch Barrieren.

Die hier gezeigte Darstellung dient als visuelle Metapher für eine festzulegende Strategie. Das links gezeichnete Verkehrszeichen weist auf derzeitige Problemfelder hin. Eine in Österreich verwendete Phrase lautet dazu: „Hier haben wir noch eine Baustelle!“ Die Schatzkiste, rechts gezeichnet, stellt Erfolgsfaktoren dar.

Erarbeiten Sie mithilfe dieser Visualisierung die einzelnen Faktoren gemeinsam in der Gruppe und fügen Sie die Ergebnisse schriftlich in das Bild ein!

„Mit unseren bisher erarbeiteten Symbolen können wir mit wenigen Strichen in kurzer Zeit ausdrucksstarke Flipcharts erstellen.“

Pfeile lassen Prozesse und Abläufe ausdrucksstark und richtungsweisend erscheinen. Als konkretes Beispiel zeige ich Ihnen eine Prozesslandkarte mit Pfeilen und Symbolen.

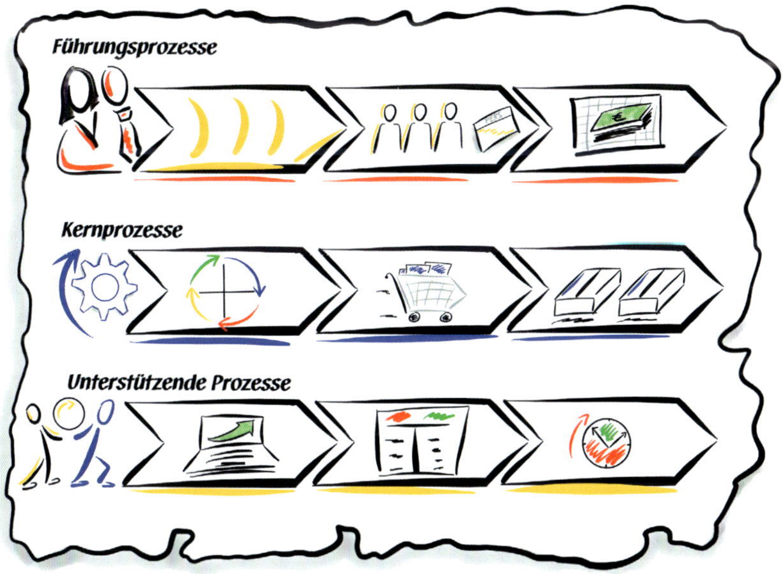

Kreativität und Ideenfeuerwerk

Ein neuer Gedanke, eine zündende Idee wird häufig mit einer Glühbirne oder einem Gedankenblitz assoziiert. Dazu einige Pfeilkreationen:

Durch die Verknüpfung von Pfeil und Glühbirne kann der Begriff Kreativitätsprozess zeichnerisch umgesetzt werden.

Ein helles Grün steht für das Wachstum in der Natur. Hier wird es für das Heranwachsen von Ideen und Innovationen verwendet. So können neue Lösungen entstehen.

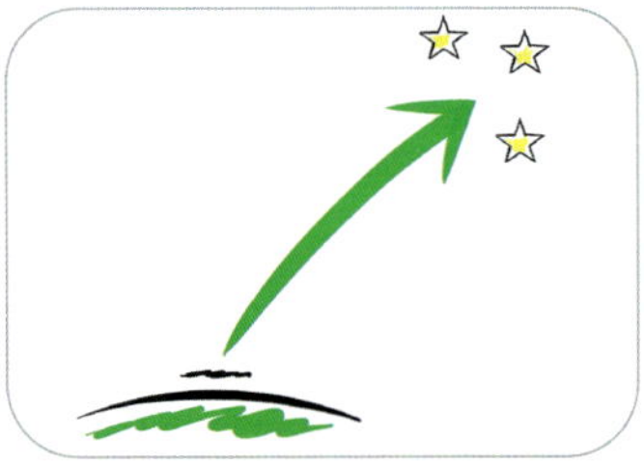

Ein Pfeil mit Schatten und zusätzlichen Sternen bewirkt mehr Dynamik und Erfolg in der Zukunft.

Gedankensprünge, bewegte Gedanken oder auch eine neue Erkenntnis aufgrund einer Reflektion treffen auf diese Pfeilakrobatik zu.

Ein Vulkan, der viele neue Gedanken ans Tageslicht bringt. Sterne stellen in diesem Zusammenhang ehrgeizige und hochfliegende Ziele dar.

Das Ideenfeuerwerk lässt Ideen sehr impulsiv erscheinen. Ein Pfeil als Rakete dargestellt, bringt noch mehr Feuer in das Bild.

„ Weiterkommen,
step-by-step ans Ziel gelangen,
diese Aussagen können mit Pfeilkombinationen dargestellt werden. “

Probleme und Hindernisse

Es muss nicht gleich ein gordischer Knoten sein. Beliebige Knotenformen stehen für bestehende Probleme. Das spiegelt sich in der Aussage: Wir haben einen Knoten in der Leitung.

Komplexität wird gerne mit einem Wollknäuel dargestellt. Das gilt auch, wenn jemand den roten Faden verliert.

„Wer anderen eine Grube gräbt …“ Dieses wohlbekannte Sprichwort kann auch mit dieser Pfeilform ausgedrückt werden.

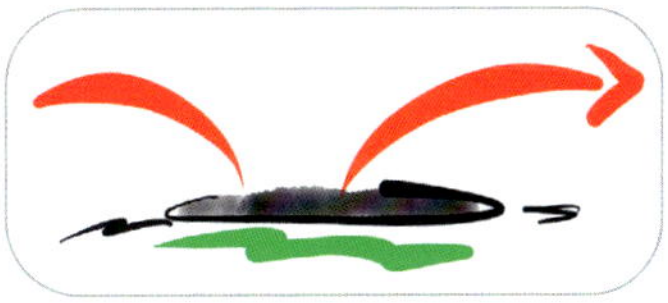

Die Überwindung von Hindernissen drückt dieses Bild aus. Unabhängig davon, welches Barrieresymbol Sie verwenden, kennzeichnet diese Pfeilform die Bewältigung von Problemen.

Sich in entgegengesetzter Richtung bewegende Pfeile sind ein klarer Ausdruck von Trennung. Eine zusätzliche Mauer bringt die Endgültigkeit der Trennung zum Ausdruck.

Eine Trennung, nachdem man ein Stück des Weges gemeinsam gegangen ist.

Konflikt und Konfrontation

Die zerstörerische Kraft, die von einem Konflikt ausgehen kann, wird mit Pfeilsymbolen zum Ausdruck gebracht. Dazu einige Visualisierungsbeispiele:

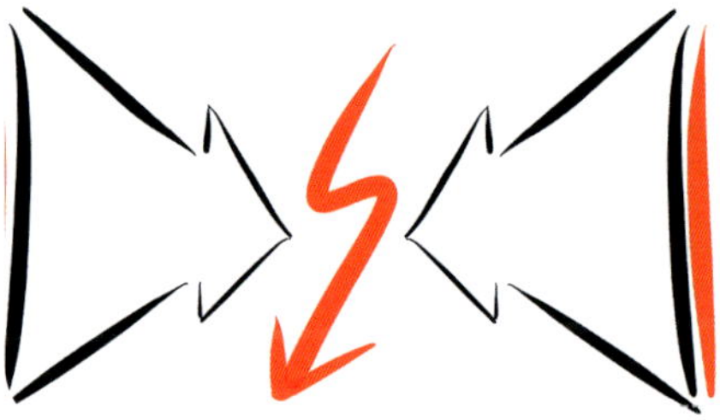

Eine klassische Darstellung, um Konflikte, Widersprüche und Dissens zu kennzeichnen, erfolgt in Analogie zum griechischen Gott Zeus durch Visualisierung von Blitzen. Die Farbe Rot bringt Aggressionen zum Ausdruck.

Durch eine perspektivische Darstellungsart werden auch zeitliche Dimensionen mitberücksichtigt. Bei diesem Pfeilbild lassen sich mehrere Motive zeichnen, die auf eine gemeinsame Lösung abzielen sollen.

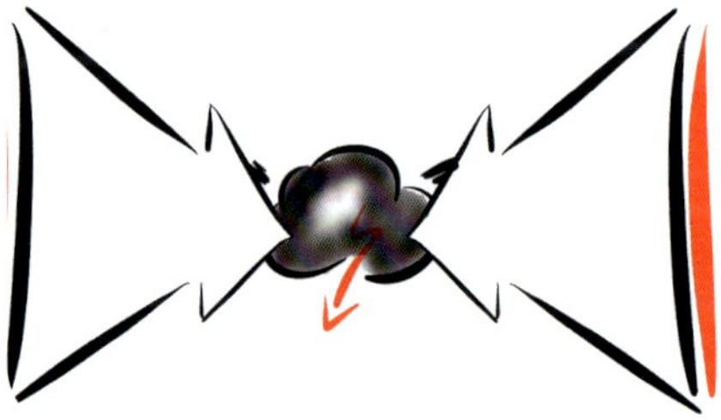

Nicht nur mit Blitzen, auch mit einer Gewitterwolke lassen sich entgegengerichtete Positionen ausdrucksstark visualisieren.

Interaktion und gemeinsamer Erfolg

Ähnlich wie eine Flugzeugstaffel bewegen sich die hier abgebildeten Pfeile vorwärts. Die Farbe Orange drückt zusätzlich Gemeinsamkeit aus.

„Einer für alle, alle für einen!" Wer denkt bei diesem Pfeilbild nicht gerne an die drei Musketiere? Der in Konturen gezeichnete Pfeil drückt die Verschmelzung der einzelnen Kräfte aus.

Ein Pfeil mit Triebwerken, Kondensstreifen sowie zahlreichen dynamischen Strichen ergibt einen Raketenstart.

Aufeinander bezogenes Handeln zweier oder mehrerer Personen oder die Wechselbeziehung von Handelspartnern kennzeichnen den Interaktionsbegriff. Dieser Vorgang ist im täglichen Geschäftsleben einer der häufigsten und wichtigsten.

Zeichnen Sie ein liegendes X.

Fügen Sie an den Enden eine Pfeilspitze hinzu.

Mit Farben können Richtungen und Aussagen zusätzlich gekennzeichnet werden. So wie hier das Schwarz-Weiß-Denken.

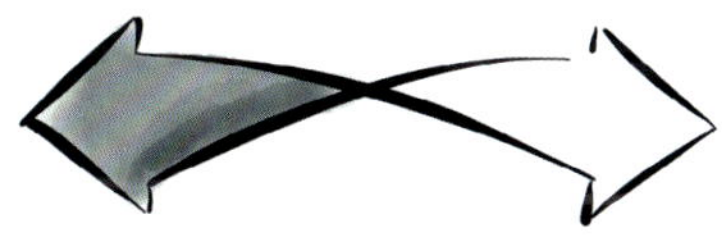

Speziell im Bereich der IT kommt es häufig zu Datentransformationen. Die dynamische Pfeilform macht diese Veränderungen sichtbar.

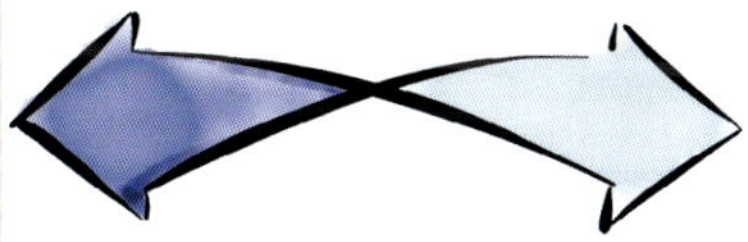

Interaktionen oder Prozesse mit gegenseitiger Beeinflussung werden durch die geschwungenen Pfeile ausgedrückt. Das Thema oder der Prozessname wird in die Mitte geschrieben. Die Variation der Pfeilbreite stellt die Veränderung während der Interaktion dar.

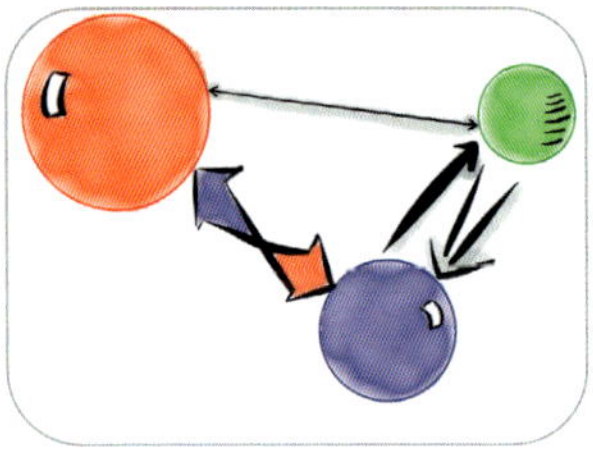

Eine aus der Netzwerktechnik stammende Pfeilformation ist hier zu sehen. Pfeilrichtungen, Pfeilstärken und die Anzahl der Pfeile drücken die Interaktionsformen und -stärken grafisch aus.

Punkt

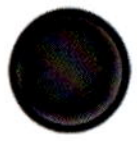

Auf einen gezeichneten Punkt hinzuweisen, verknüpft mit dem Ersuchen, endlich auf den Punkt der laufenden Diskussion zu kommen, ist wohl eine der unmissverständlichsten Arten einer visuellen Kommunikation. Einen Punkt als geometrische Form zu bezeichnen stößt möglicherweise bei manchem auf Widerstand, aber in unserem thematischen Kontext kommt dem Punkt eine spezielle Bedeutung zu.

Assoziationen zur Grundform Punkt

■ Anfang	■ punktgenau	■ Treffer
■ Atomkern	■ pünktlich	■ Treffpunkt
■ Aufzählungspunkt	■ Quelle	■ Urknall
■ Ausgangspunkt	■ Reduktion	■ Ursprung
■ Endpunkt	■ Schlechtpunkt	■ Wendepunkt
■ Entscheidung	■ Schlusspunkt	■ wichtige Punkte
■ Ergebnis	■ Schnittpunkt	■ Zeitpunkt
■ ins Schwarze treffen	■ Schwerpunkt	■ Zentrum
■ Mitte	■ Standpunkt	■ Zielpunkt
■ Punkt, Punkt, Punkt …	■ Startpunkt	■ …

„Bringen Sie Ihre Story visuell auf den Punkt!
Kompetenz zeigt sich durch Reduktion.“

Ein Punkt für sich alleine gezeichnet besitzt in den meisten Fällen keine entsprechende Aussagekraft. Daher sind in der Regel Formen- und Textkombinationen erforderlich, um eine eindeutige Aussage treffen zu können. Wir erinnern uns wahrscheinlich an die Kurvendiskussionen in der Schule. Tiefpunkt, Wendepunkt, Nullpunkt und Höhepunkt sind nur einige Punkte, die es zu berechnen galt.

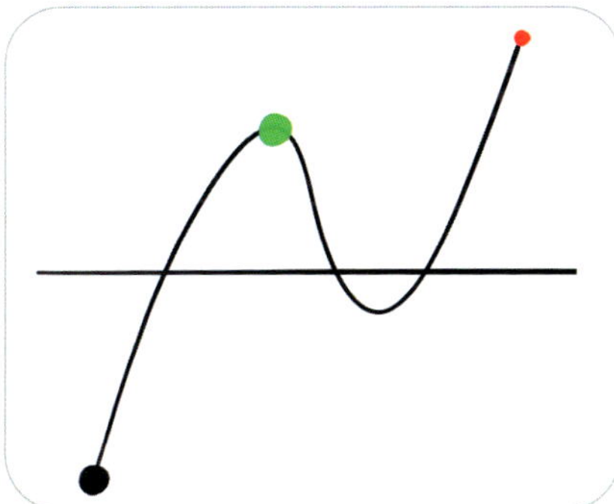

Symbole auf den Punkt gebracht

Hier wenden wir uns nun jenen Punkten zu, die wir für unsere visuellen Storys brauchen können.

Tagesordnungspunkte

Zeitpunkt

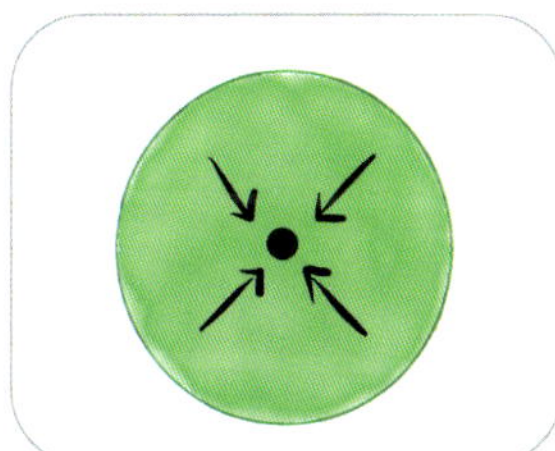

Treffpunkt

Startpunkt

Zielpunkt

Standpunkt

Einlochen

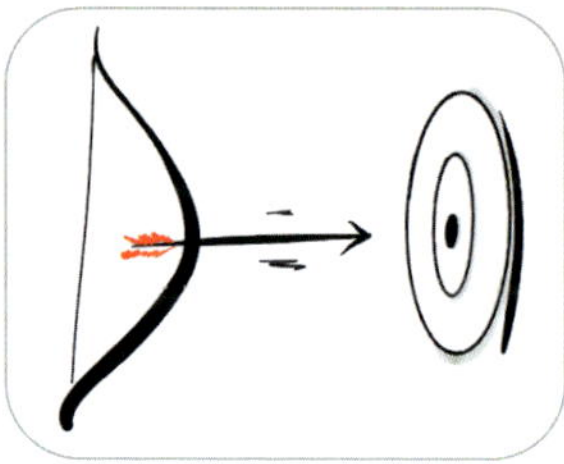

ins Schwarze treffen

Pin

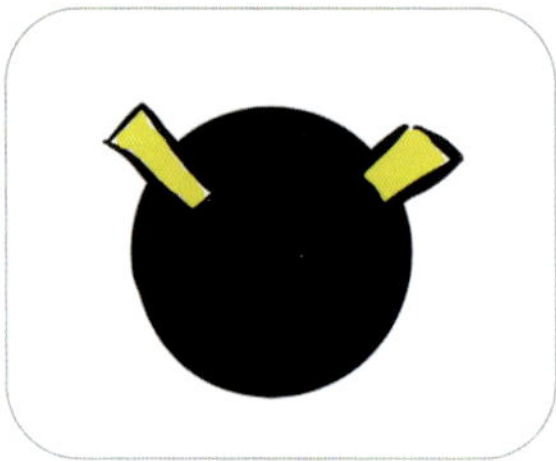

Fixpunkt

Standort

Wendepunkt

I-Punkt

Schlusspunkt

„Punkt, Punkt, Punkt … bis hin zum springenden Punkt.“

Kreis und Ellipse

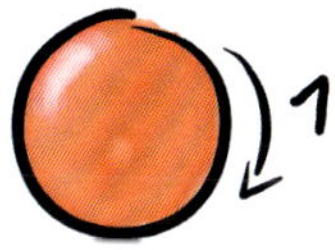

Kreise und Ellipsen sind nicht nur die Grundelemente für das Zeichnen von Figuren und Tieren, sondern stellen durch ihre Erscheinungsform im besten Sinne des Wortes eine runde Sache dar. Das wesentliche Unterscheidungsmerkmal in Bezug auf die räumliche Wirkungsweise ist Folgendes: Eine Ellipse kann immer etwas Räumliches darstellen, ein Kreis hingegen nicht!

Eine Insel, ein auf dem Tisch liegendes Geldstück, ein Teller, alle diese Symbole werden als Ellipse gezeichnet. Die Sonne, der Planet oder die Uhr, kreisrund gezeichnet, wirken hingegen zweidimensional.

Assoziationen zu den Grundformen Kreis und Ellipse

- abgeschlossen
- Atom
- Auge
- Ball
- Brille
- Ei
- Einigkeit
- Europäische Union
- Fallschirm
- Familie
- Geldsack
- Gemeinsamkeit
- Gleichberechtigung
- Globus
- Glühbirne
- Harmonie
- Heißluftballon
- im Kreis drehen
- Insel
- Interaktion
- Kern
- Kommunikation
- Kopf
- Korn
- Kreisgrafik
- Kreislauf
- Kugel
- Luftballon
- Lupe
- Mond
- Münze
- Musiknote
- Olympiade
- Planet
- Rad
- Regelkreis
- Regenschirm
- Rettungsboot
- Rettungsring
- Ring
- Rohr
- runde Sache
- runder Tisch
- Schirm
- Schwimmreifen
- See
- Sonne
- System
- Team
- Torte
- Trommel
- Uhr
- Verbundenheit
- viele Obstsorten
- Wahlkreis
- Zielscheibe
- ...

Let's get the ball rolling

Eine runde Sache ist nicht nur unsere Weltkugel, sondern auch ein erfolgreicher Geschäftsabschluss oder eine funktionierende Teamarbeit. Kreissymbole sind von Grund auf positiv und stimulierend. Mit den folgenden Kreisformationen hoffe ich, auch bei Ihnen weitere kreative Impulse auslösen zu können.

Es dreht sich im Kreis.

Ein Kreis mit Spiegeleffekt wird zur Kugel.

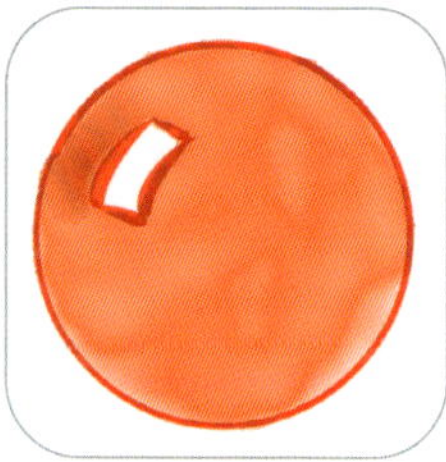
Rot steht für Bewegung.

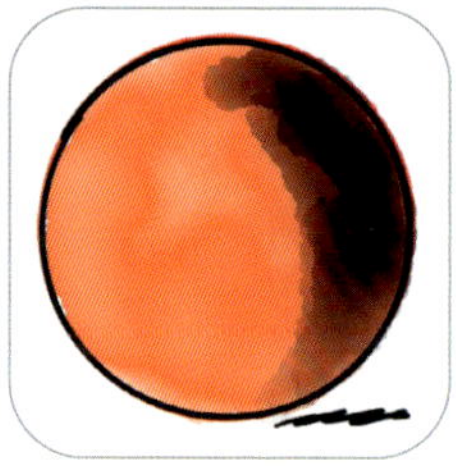
Schatteneffekte lassen Räumliches entstehen.

Kreisrunde Geldsymbole

Eine Ellipse wirkt räumlich, ein Kreis nicht.

"Eine Geldmünze, ein Geldstapel oder ein Sack voll Geld – diese Begriffe lassen sich wirkungsvoll aus einer Kreisform entwickeln."

Eigenkapital wird mit der Farbe Gelb symbolisiert. Diese steht für Geld, Gold und Erfolg. Fremdkapital, die roten Zahlen, die Belastung – wiederum mit der Farbe Rot. Diese Farbzuordnung gilt zumindest für den europäischen Kulturkreis.

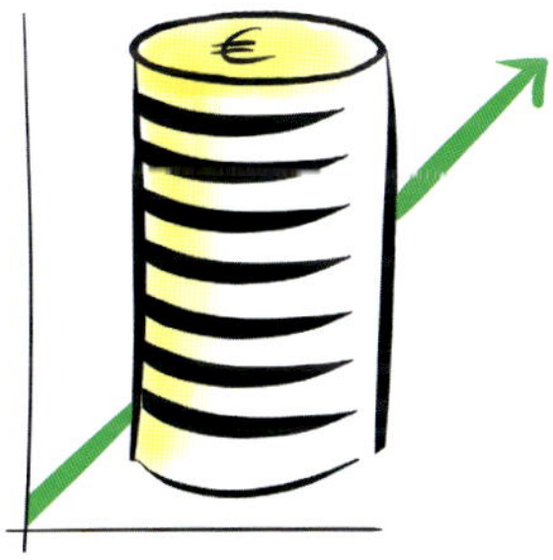

Gewinnsteigerung

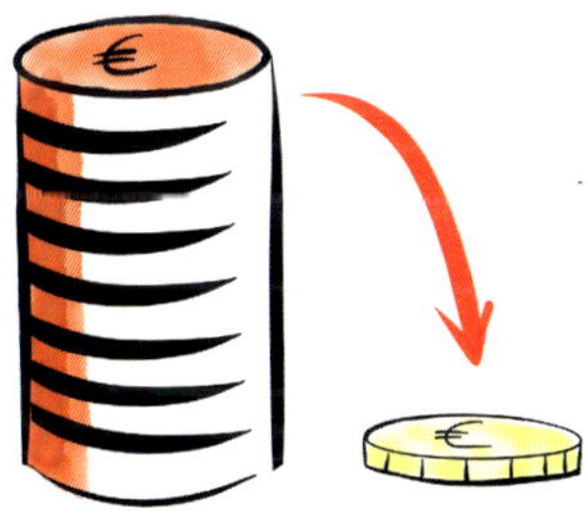

Kostenreduktion

Ob Fallschirm, Regen- oder Sonnenschirm – alle diese Begriffe entstehen aus der Grundform Kreis.

Glühlampe, Globus, Lupe und der Runde Tisch

Der Inbegriff der bildlichen Umsetzung für das Wort Idee ist eine Glühlampe.

Fassung, Glühfaden und Glasgehäuse – so lässt sich eine Glühlampe leicht innerhalb von zwei Sekunden zeichnen.

Mit Farbe bringen Sie Ihre zündende Idee noch zum Leuchten.

Eine durchschlagende Idee in einem Projektmeeting zu kreieren, bedarf manchmal einer kreativen Darstellungsform. Hier eine ideale Ausgangsform für ein Mindmap. Anstelle der üblichen Kreis- oder Wolkenform in der Mitte kann mit anderen Symbolen die gewünschte Aktivität bereits angedeutet werden.

Damit ein Projekt erfolgreich gestartet werden kann, benötigen wir noch weitere Kreisformationen:

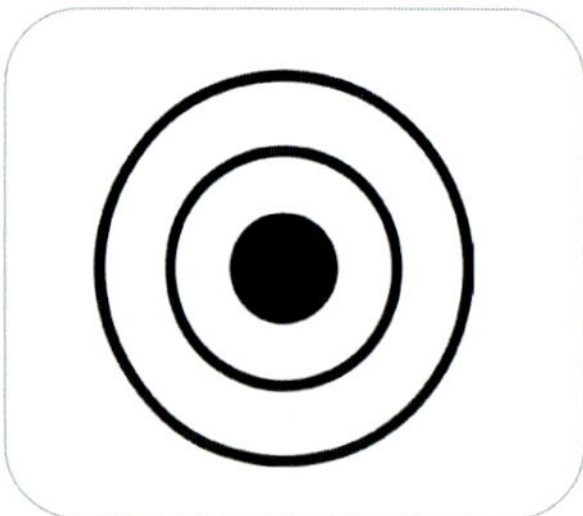

Am besten wirkt die Zielscheibe mit einer ungeraden Anzahl von Ringen.

Viele Uhren besitzen eine kreisrunde Form. Ein tolles Symbol für Zeitmanagement.

Die Bombe als Konfliktsymbol. Gerne verwendet in Besprechungen und Moderationen.

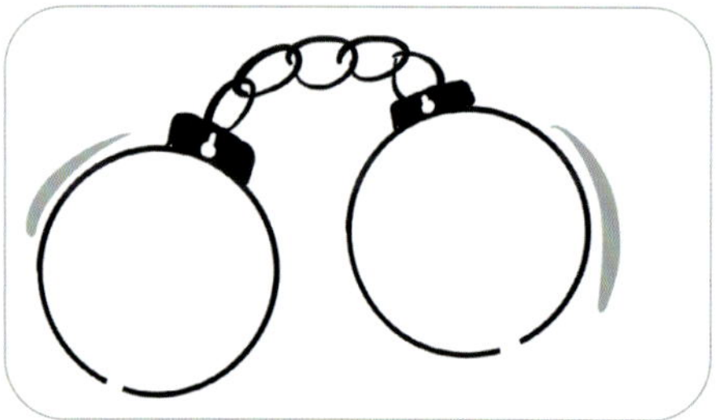

Ihre visuelle Story muss das Publikum fesseln.

Ringe, Symbole für Verbundenheit.

Ein Kreis, kombiniert mit wenigen vertikalen und horizontalen Linien, ergibt einen Globus. Dieser kann für Globalisierungsthemen oder internationale Themenschwerpunkte verwendet werden.

„Der Kreis ist eine geometrische Form, bei der an allen Ecken und Enden gespart wurde!"

Ob Teller, Flasche, Topf oder Glas – starten Sie beim Zeichnen mit einer Ellipse und Sie bekommen eine räumliche Darstellungsform.

Etwas genauer betrachten oder unter die Lupe nehmen, eine Lupe liefert ein vergrößertes Bild. Diesen Effekt erreichen Sie beispielsweise durch die Verwendung einer Konturenschrift innerhalb des gezeichneten Lupenglases. Oder, wie hier dargestellt, durch ein Herausheben, (sprich größer Zeichnen) von Inhalten.

Zwei Kreise bilden die Basis einer Brille. Mögliche Schlüsselwörter sind Kurzsichtigkeit, Sehschwäche oder der Fokus auf einen Inhalt.

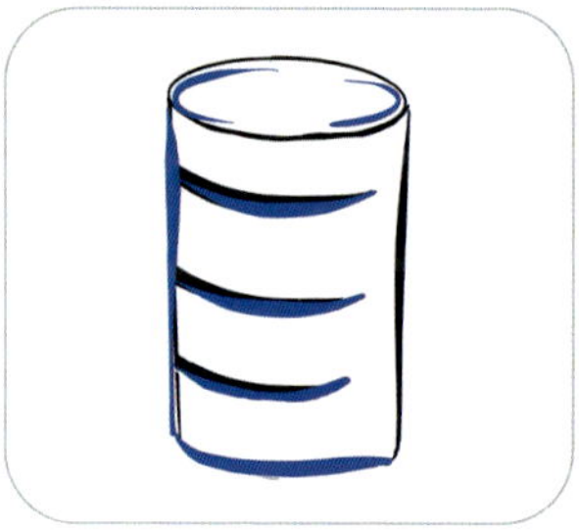

Das Symbol für einen Festplattenspeicher ist die geometrische Form Zylinder. Damit können Sie auch Begriffe wie Datenarchivierung oder Speicherung von Informationen darstellen.

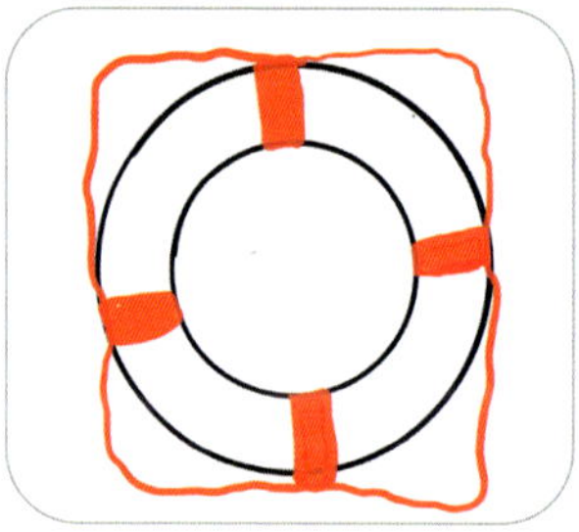

Hilfe annehmen ist keine Schwäche, sondern Stärke. Ein Rettungsring stellt ein Angebot für eine Hilfeleistung oder Unterstützung dar.

Der Luftballon wird verwendet, wenn es etwas zum Feiern gibt.

Ein Symbol für einen Perspektivenwechsel.

Ein Zielbild hilft immer. Vor allem dann, wenn Sie reif sind für die Insel.

Der runde Tisch erleichtert die Kommunikation und erlaubt gemeinsame Lösungen.

Die olympischen Ringe könnten eine Metapher für unterschiedliche Teams in einem Unternehmen sein.

„Der Kreis ist und bleibt eine runde Sache!“

Wir hatten bereits bei der Grundform Viereck den Begriff Spielregel visualisiert. Sie erinnern sich an die Spielkarte und den Würfel. Hier als Abschlussbild für die Grundform Kreis einige wichtige Spielregeln für eine erfolgbringende Projektkultur.

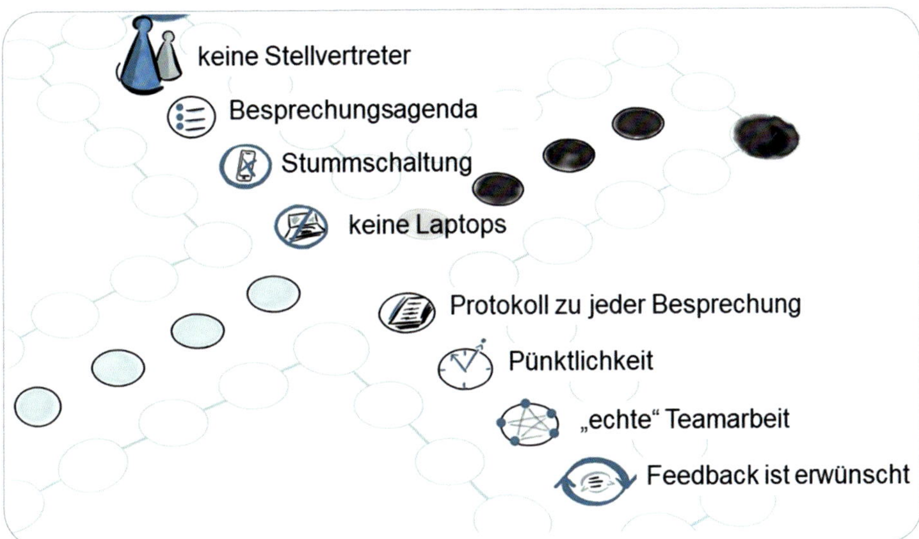

Spirale

Eine Spiralform stellt nie etwas Statisches dar. Dynamik, Entwicklung und Veränderung sind die gängigsten gedanklichen Verknüpfungen, auch wenn uns die Spiralform gedanklich gerne in ein Schneckenhaus führt. Viele Unternehmen verwenden ein Logo mit diesem Symbol, oft als Ausdruck für Expansion oder Zentrierung.

Assoziationen zur Grundform Spirale

- Abfluss
- Abwärtsspirale
- Aufwärtsspirale
- Bewegung
- Dynamik
- Energie
- Entwicklung
- Feder
- Geschwindigkeit
- Hypnose
- Innovation
- Konzentration
- Kraft
- Labyrinth
- Manipulation
- Milchstraße
- Muschel
- Reinigung
- Rolle
- Schneckenhaus
- Sinnestäuschung
- Sog
- Strudel
- Taifun
- Tiefe
- Trichter
- Unendlichkeit
- Unruhe
- Veränderung
- Verhütung
- Verwirrung
- Wachstum
- Wasser
- Wirbelsturm
- Zentrierung
- ...

„Eine Spirale wirkt dynamisch!“

Aufwärts- und Abwärtsentwicklungen

Die Negativspirale zieht uns runter.

Ein Taifun, ein Twister oder ein Wirbelsturm

Könnte eine unsanfte Landung werden ...

Ärger und Zorn

Verwirrt und hypnotisiert

Jack in the box

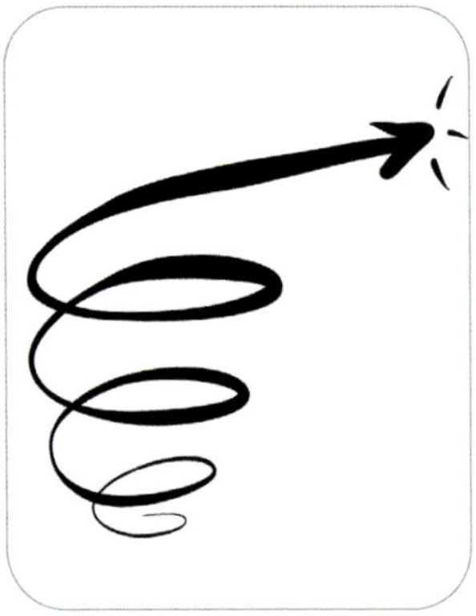

Positive Entwicklung

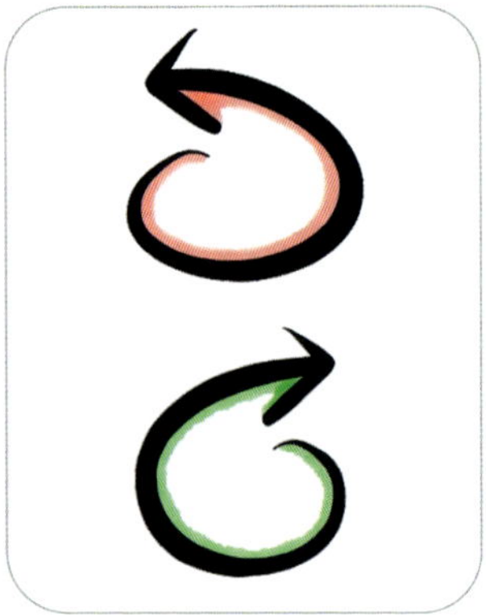

Rückwärts – Vorwärts

Aufwärtstrend

Die Rolle beginnt mit der Spirale.

Perspektive hinzufügen.

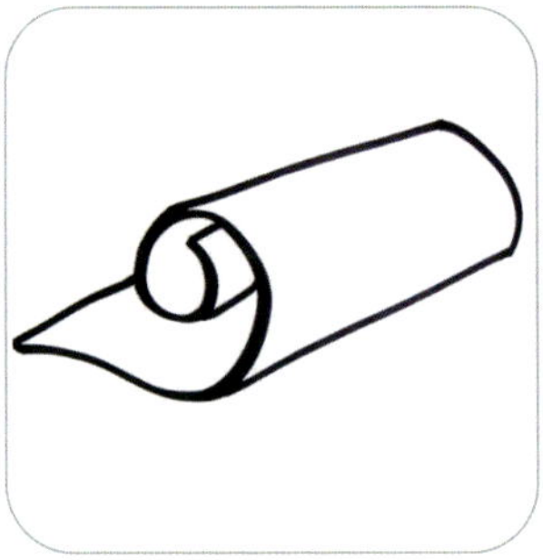

So entsteht eine Stoff- oder Papierrolle.

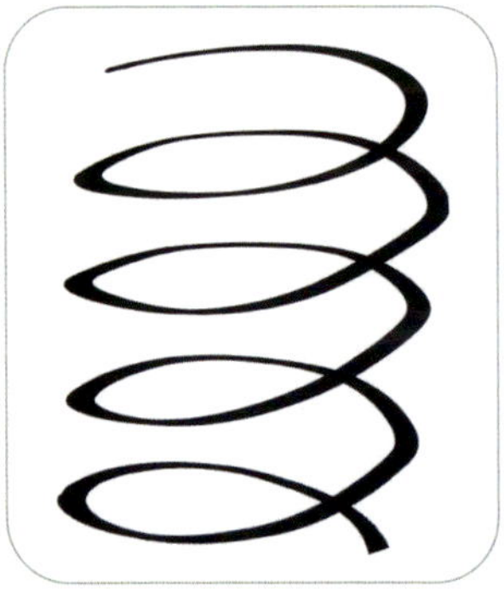

Feder

Labyrinth

Zentrierung

Linie

Natürlich braucht man die Linie, werden Sie denken, wie konnte man sonst andere Formen zeichnen?

Die Linie kann viel: Mit verschiedenen Verlaufsformen lassen sich sekundenschnell aussagekräftige Bilder visualisieren. Achten Sie vor allem darauf, ob die Linie geschwungen, gekrümmt oder gerade gezeichnet wird. Davon ist die Wirkung der Liniengrafik abhängig.

Sonnenstrahlen, die Aura oder der Lichtkegel eines Monitors verfehlen ihre Wirkung, wenn die einzelnen Linien nicht gerade gezeichnet werden. Wege, Bäche oder der Horizont hingegen benötigen geschwungene Linienformen.

Ich persönlich bin ein Anhänger von dynamisch gezeichneten Linienformen, um den Visualisierungen Lebendigkeit zu verleihen. Daher vermeide ich, wenn möglich, gerade Strichführungen.

Allerdings dort, wo gerade Striche benötigt werden, achte ich sehr wohl darauf, diese auch exakt zu zeichnen. In diesem Fall stellen gerade Striche – eventuell sogar mit Lineal gezeichnet – einen gewissen Perfektionsstandard dar und lassen im Vergleich dazu Freihandzeichnungen eher unprofessionell erscheinen.

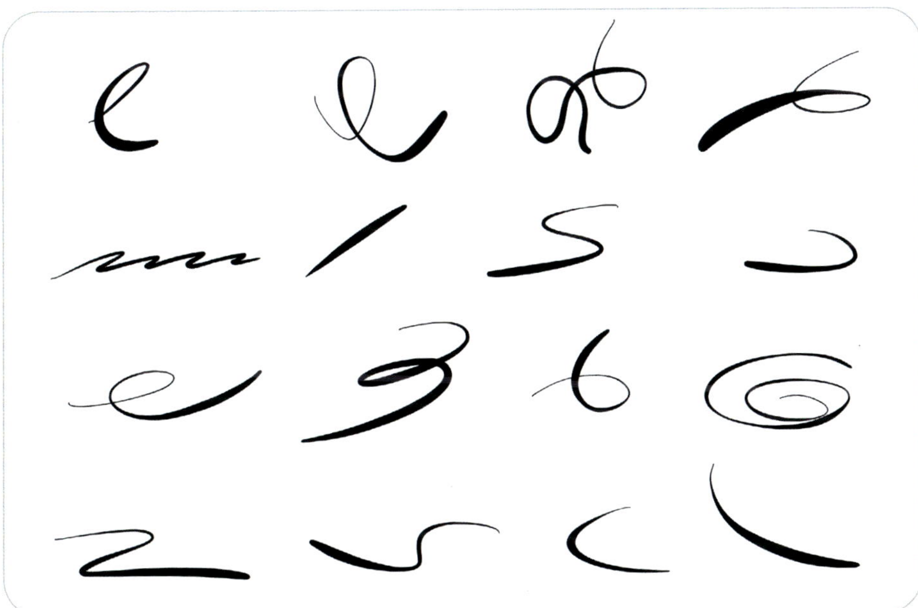

Assoziationen zur Grundform Linie

■ Begrenzung	■ Horizont	■ Straße
■ Ebene	■ Leitlinie	■ Summe
■ Ergebnis	■ Minus	■ Verbindung
■ Fluss	■ senkrecht	■ waagrecht
■ Fundament	■ Sperrlinie	■ Weg
■ geradlinig	■ statisch	■ ...

» Eine Linie kann uns verbinden oder auch trennen. «

Visionen und der Weg zum Ziel

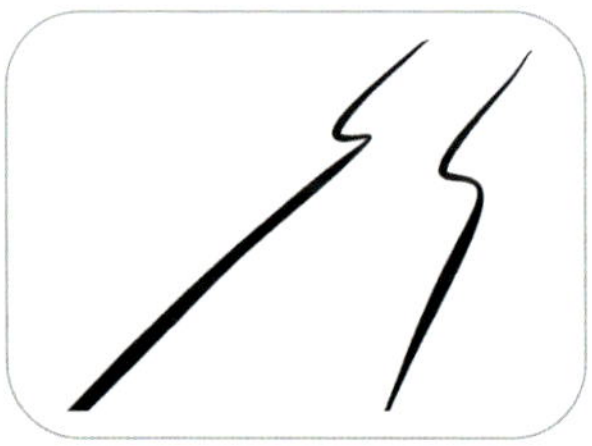

Die hier dargestellte Linienform ist die Ausgangsbasis für weitere Bilder. Durch Veränderung des Linienabstandes kann die zeitliche Dimension bewusst eingesetzt werden. So wird zum Beispiel die Zukunft meist oben (am besten rechts oben) und die Vergangenheit unten (am besten links unten) gezeichnet.

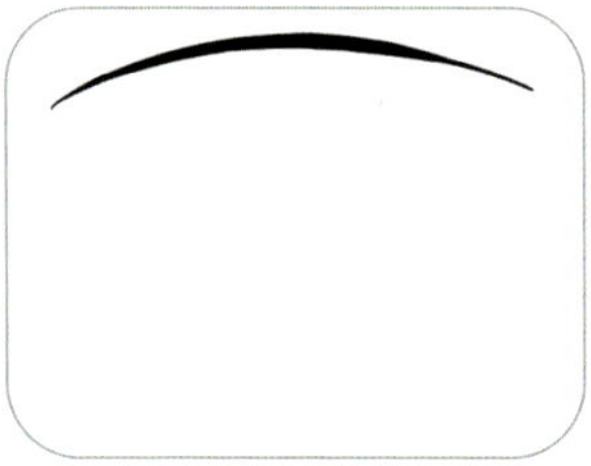

Der Horizont – ein positives Zielsymbol.

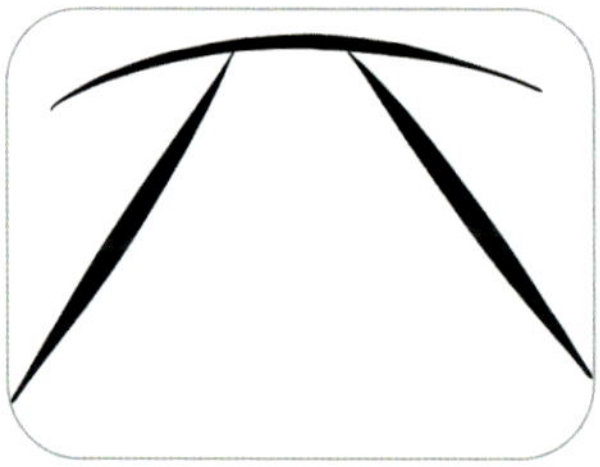

Der Weg zum Ziel. Achten Sie auf die Perspektive!

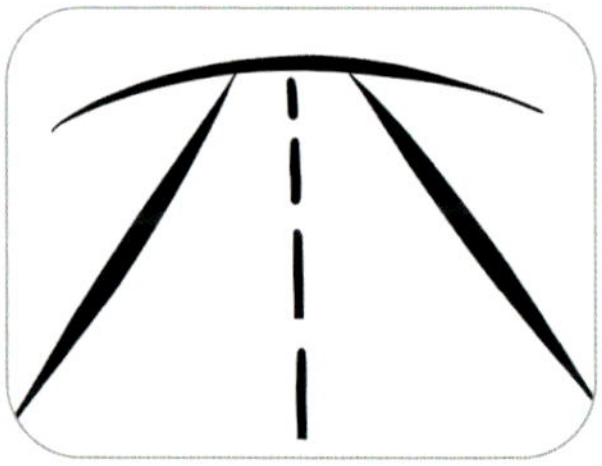

Bei der Leitlinie werden die Striche oben kürzer als unten gezeichnet.

Ein Weg mit Pfeilspitze gibt die Richtung klar vor.

Der Pfeil mit einer zusätzlichen (hier geradlinigen) Straße dargestellt ist eine weitere Option. Aura und Grünflächen komplettieren das Bild.

„Landschaftsbilder und fachliche Inhalte lassen sich perfekt kombinieren!"

Wege, Straßen, Flüsse und Bäche – damit lassen sich Zielfindungsprozesse auf eine sehr eindrucksvolle Art und Weise zeichnerisch darstellen. Landschaftsähnliche Bilder, die bewusst Analogien zur Natur darstellen, sind in vielen Themenfeldern eine wertvolle Unterstützung für die Informationsaufnahme und -speicherung.

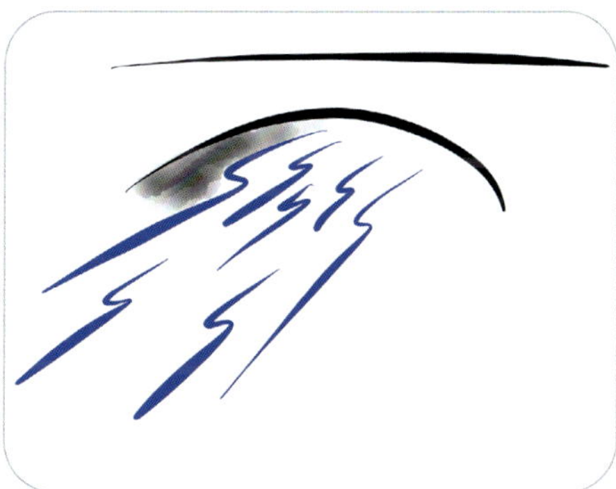

FILM AB!

www.trauner.at/VisuelleModeration.aspx

Die visuelle Moderation

Der Begriff Visuelle Moderation wurde vom amerikanischen Ausdruck Graphic Facilitation übernommen. Viele meiner Moderationen haben neben der Inhaltevermittlung das Ziel, die Ergebnisse in einem Bild darzustellen. Diese Visualisierungen vermitteln Informationen gepaart mit Emotionen. Das ist der perfekte Anwendungsbereich für unsere Zeichentechnik!

„Bilder vermitteln nicht nur Informationen, sondern vor allem Emotionen!“

Die Anwendung von Moderationsmethoden dient der gemeinsamen Arbeit in Gruppen und hat unter anderem die Beteiligung und Mitarbeit der Gruppenmitglieder zum Ziel. Sie werden vorwiegend in Besprechungen, Klausuren, Meetings und Workshops eingesetzt.

Das Beherrschen der Moderationsmethoden gehört zum Standardrepertoire jeder Führungskraft. Eine Moderation zielt grundsätzlich darauf ab, Ideen und Vorschläge zu sammeln und in weiterer Folge konkrete Maßnahmen zu erarbeiten oder auch Entscheidungen zu treffen. Daher ist es wichtig, die Kreativität im Teilnehmerkreis zu fördern und die gesammelten Ideen allen zugänglich zu machen, um schließlich zu Ergebnissen zu gelangen, die von der Gruppe auch mitgetragen werden.

> „Ideen, Vorschläge sammeln und konkrete Maßnahmen erarbeiten – das ist Ziel einer Moderation."

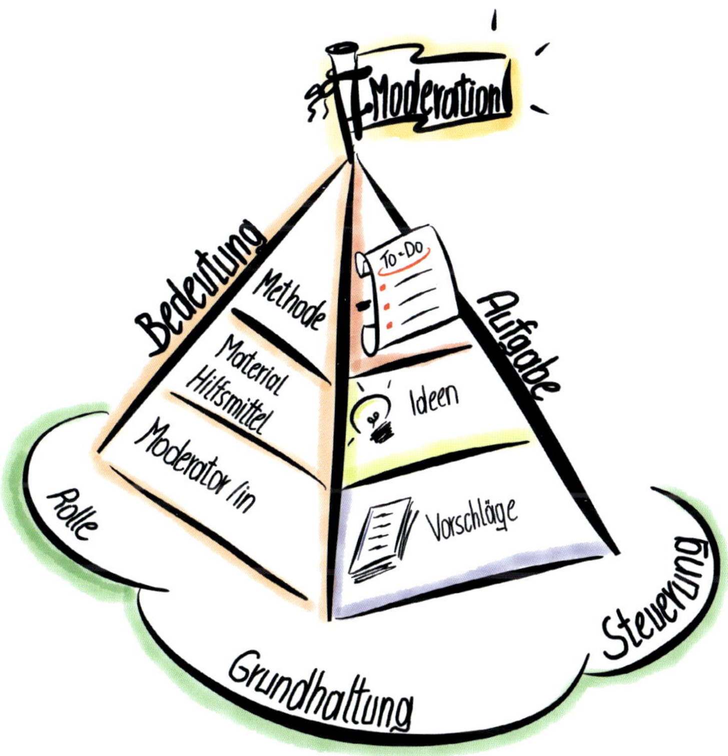

Die visuelle Moderation unterstützt mithilfe von grafischen Elementen eine bessere Verständlichkeit von Inhalten und baut Barrieren im Zugang zu emotionalen Themen ab. Gemeint sind dabei im Speziellen Konfliktmoderationen. Zudem überbrückt der Einsatz von Bildern auch sprachliche Hindernisse, die gerade in der heutigen multikulturellen Gesellschaft allgegenwärtig sind.

Visuelle Moderation führt dazu, dass die teilnehmenden Personen ein konkretes Bild von einer Situation bekommen, das je nach Thema auch Gefühle zum Ausdruck bringt und gegebenenfalls einen Blick ins Innere erlaubt. Und das ist Ihr Job als Moderator:

Durch die visuelle Aufbereitung in Besprechungen, Workshops, Projektpräsentationen oder bei Großgruppenveranstaltungen gewährleistet man einen guten Gesamtüberblick und macht Vernetzungen erkennbarer.

Die visuelle Moderation wird als besonders hilfreich gesehen, wenn innerhalb einer Gruppe Konflikte bestehen, unterschiedliche Interessen vorhanden sind, ein differenziertes Wissensniveau herrscht oder das zu behandelnde Thema umfangreich und komplex ist.

Die visuelle Moderation eignet sich besonders für:

- agile Organisationsformen
- Teambildung, Teamprozesse, Team-Refreshing
- Trainings, Seminare, Weiterbildungsveranstaltungen
- Konfliktmanagement
- Projekt- und Prozessmanagement
- Qualitätsmanagement
- kontinuierliche Verbesserungsprozesse
- Zielfindungsprozesse
- Strategieentwicklung
- Produktentwicklung
- Marketing
- Besprechungen, Präsentationen usw.

Die Basis jeglicher Gruppensteuerung ist ein strukturiertes Vorgehen. Ein Moderator kann sich hierzu am klassischen Moderationszyklus als Grobstruktur orientieren, wobei der Fokus vor allem auf die Visualisierung der Inhalte innerhalb der einzelnen Moderationsphasen gelegt wird.

Moderationskreislauf

Der klassische Moderationskreislauf gliedert sich in sechs Phasen. Vorgelagert ist eine gründliche Vorbereitung mit einem klar definierten Moderationsauftrag. Das zu erstellende Moderationsdesign spiegelt neben einer inhaltlichen, methodischen und organisatorischen Vorbereitung auch die persönliche Auseinandersetzung mit dem Moderationsauftrag wider.

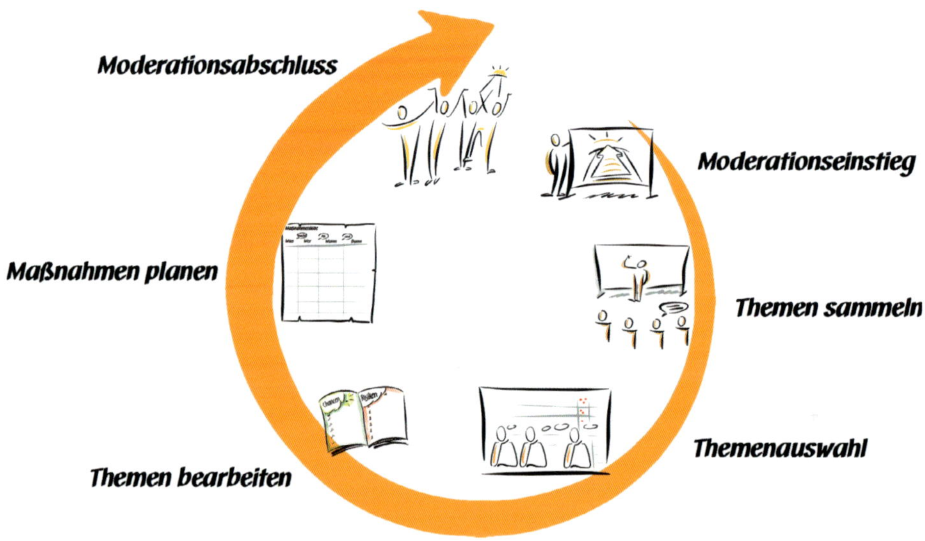

Moderationseinstieg

Ein erfolgreicher Einstieg ist der erste Schritt in die Moderation.

Folgende Punkte sind wichtig:

- Begrüßung
- Schaffung eines positiven Arbeitsklimas
- Anlass der Zusammenkunft erläutern
- Thema und Ziel festlegen
- Zeitplanerstellung
- Rollenklärung
- Spielregeln festlegen
- Kennenlernen
- Erwartungen klären
- Klärung der Protokollfrage

Die Verwendung der bereits erlernten visuellen Vokabeln gestattet es uns, bereits in der ersten Moderationsphase eine Beginnsituation zu schaffen, welche als motivierend erlebt wird. In der Realität ist die Teilnahme an einer Moderation für manche oft mehr eine dienstliche Verpflichtung als eine freiwillige Maßnahme.

Gerade moderationserfahrene Menschen wünschen sich oft Alternativen, um möglichst rasch eine effiziente Arbeitsatmosphäre zu schaffen und in der vorgegebenen Zeit auch die definierten Ziele zu erreichen.

Ziele, Agenda, Rollen und Regeln werden durch visualisierte Metaphern und Storys präsentiert. Besonders wirkungsvoll ist eine Darstellung, in der Symbole für einzelne Themenbereiche in ein Landschaftsbild integriert werden. Hier ein paar Beispiele:

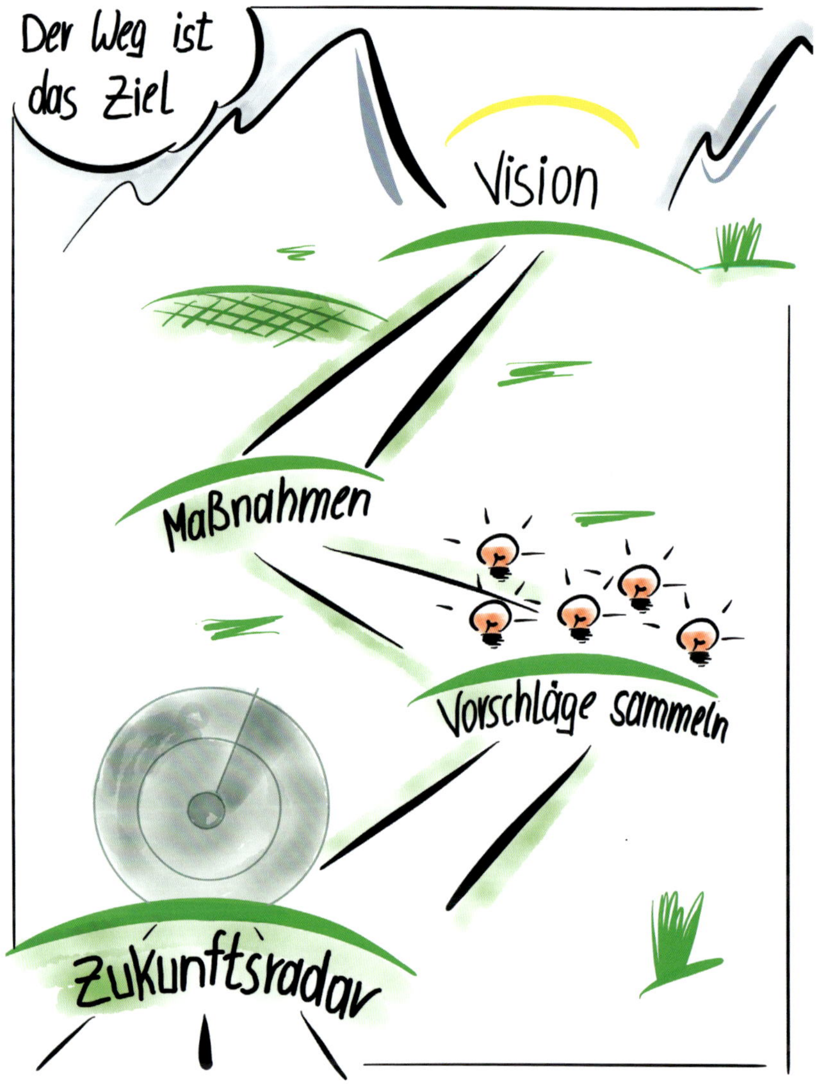

Jahresklausur
Erfahrungsaustausch
Entscheidungen
Klarheit
Ist-Analyse
Stärken/Schwächen
Lösungen
Maßnahmen

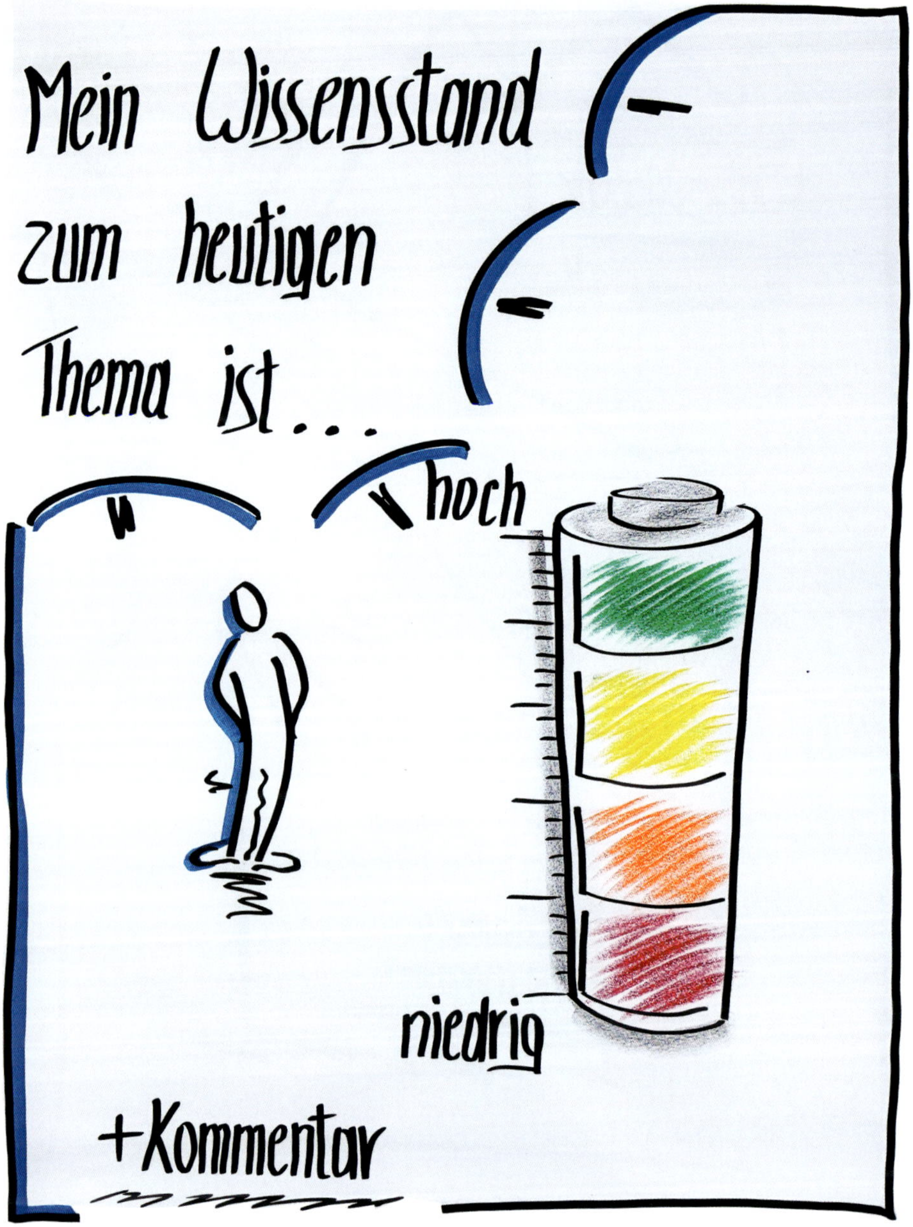
Mein Wissensstand
zum heutigen
Thema ist ...
hoch
niedrig
+Kommentar

Themen sammeln – Themenspeicher

In der zweiten Phase der klassischen Modorationsmethode geht es darum, die zu behandelnden Themen festzulegen. Hier gibt es unterschiedliche Methoden. In vielen Fällen ist der erste Schritt die Visualisierung einer konkreten Fragestellung. Möglichkeiten dazu sind:

- „Damit diese Klausur für mich ein Erfolg wird, müssen folgende Themen behandelt werden."
- „Worüber möchten Sie hier sprechen?"
- „Welche Probleme sollen hier gelöst werden?"
- „Woran sollen wir arbeiten?"

Häufig angewendet wird die Kärtchenmethode. Dabei schreiben die Teilnehmer/innen ihre Antworten auf Moderationskarten (Querformat, max. 3 Zeilen), diese werden eingesammelt, geordnet und strukturiert.

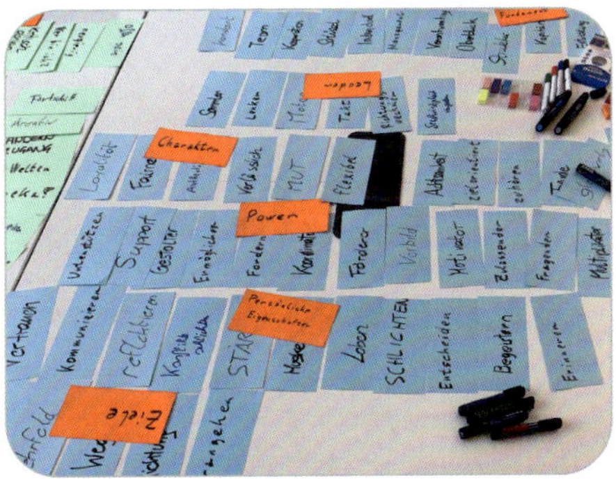

Ebenso lässt sich dieser Schritt mit Mindmapping, Brainstorming oder einer Pro-Kontra-Abfrage durchführen. In der visuellen Moderation bedient man sich im Prinzip derselben Vorgangsweise wie bei der klassischen Moderation, wobei man mit zusätzlichen Visualisierungen mehr Schwung in die Sache bekommt.

„Visualisierung bewirkt Aktivität und Kreativität!"

Mindmapping

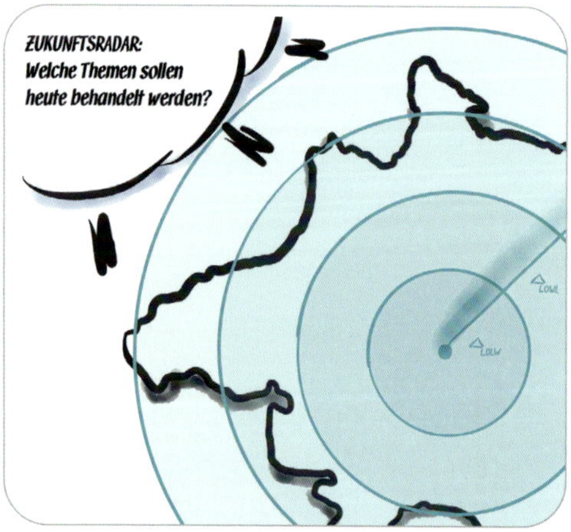

„Um den Themenspeicher füllen zu können, bedarf es einer offenen Fragestellung."

Die visuelle Moderation wird nicht immer eingesetzt, um bestehende Probleme zu orten und Maßnahmen abzuleiten. Häufig kommt es vor, dass die zu behandelnden Themen vorgegeben sind und der Fokus auf bestimmte Faktoren innerhalb einer Thematik gelenkt wird.

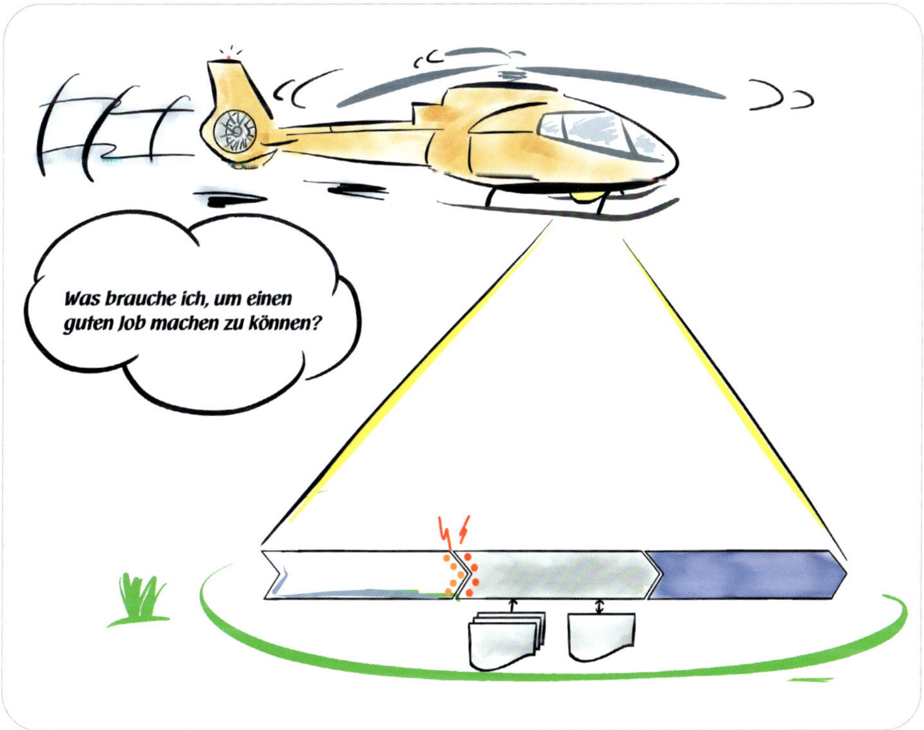

Diese Visualisierung zeigt, wie sich thematische Schwerpunkte darstellen lassen. Es macht einen Moderationsprozess einfach spannender, wenn nicht nur die Kreativität der Teilnehmerinnen und Teilnehmer gefordert wird, sondern Moderatorinnen und Moderatoren mit gutem Beispiel vorangehen.

» Themenspezifische Visualisierungen haben bessere Ergebnisse zur Folge! «

Im folgenden Beispiel geht es um die Erarbeitung von zielführenden Maßnahmen für einen erfolgreichen On-Boarding-Prozess im Unternehmen. Die Metapher Golfplatz gibt den Teilnehmerinnen und Teilnehmern die einzelnen Arbeitsschritte vor.

Wandgroße Bilder sollen bewerkstelligen, was durch Worte von Vorgesetzten und schriftliche Dokumentation oft nur selten gelingt. Es geht dabei darum, die Mitarbeiter/innen emotional zu berühren, zum selbstkritischen Nachdenken zu bringen und durch das Voraugenführen gemeinsamer Erfolge und Werte zur engagierten Mitarbeit zu bewegen. Veränderungsprozesse scheitern erfahrungsgemäß nicht so sehr am Können, als vielmehr am Wollen der Beteiligten.

„Ein positives Bild vor Augen macht Erfolge bewusst."

Themenauswahl

Die dritte Phase im klassischen Moderationskreislauf hat das Ziel, eine Themen-Priorisierung durchzuführen. Beginnend mit der Formulierung einer zielgerichteten Fragestellung und deren Visualisierung werden die zu bearbeitenden Themen aus dem vorhandenen Themenspeicher von den Teilnehmenden mit Punkten gewichtet. Die Anzahl der Punkte je Teilnehmer/in richtet sich nach der Fülle an Themen.

Die folgende Formel ist praxiserprobt und empfehlenswert:

Bei manchen Moderationen geht es neben der Prioritätensetzung auch um eine Entscheidungsfindung. Diese muss allerdings nicht unbedingt in der Phase drei des Moderationskreislaufs erfolgen. Wichtig dabei ist es, die passende Methode der Entscheidungsfindung für den konkreten Fall festzulegen. Ob die Mehrpunkt- oder die Einpunkt-Abfrage, klären Sie auf jeden Fall vor einer Bewertung den Entscheidungsmodus ab! Das erspart Ihnen nachträgliche Diskussionen.

Abstimmung bei der Themenauswahl:
Einstimmigkeit: erfordert 100 Prozent der Punkte
Absolute Mehrheit: erreicht bei 50 Prozent plus 1 Punkt
Zweidrittelmehrheit: erreicht bei 66 Prozent plus 1 Punkt

Themen bearbeiten

In der vierten Phase werden, entsprechend der festgelegten Rangordnung oder einer vorgegebenen Struktur, die einzelnen Themen bearbeitet.

Die Zielsetzung kann dabei

- eine Informationssammlung oder ein Informationsaustausch,
- eine Problemanalyse,
- die Erarbeitung konkreter Lösungen,
- die Sammlung von Vorschlägen und Alternativen zur Entscheidungsvorbereitung
- oder auch eine Entscheidungsfindung sein.

„Übliche Methoden, wie die Vorgabe einer Zwei- oder Vier-Felder-Matrix, werden in der visuellen Moderation zeichnerisch unterstützt."

Der Baum als Symbol für Wachstum und Kompetenz eignet sich hervorragend für ein Stärken-Schwächen-Profil.

Die reifen Früchte, hier rote Äpfel, symbolisieren jene Fähigkeiten und Fertigkeiten, die bereits vollständig entwickelt, also reif sind. Die grünen Äpfel hingegen jene, welche noch weiterentwickelt werden müssen.

Die Breite des Baumstammes assoziert die bereits erworbenen Kompetenzen. Die Wurzeln symbolisieren vorhandene Werte.

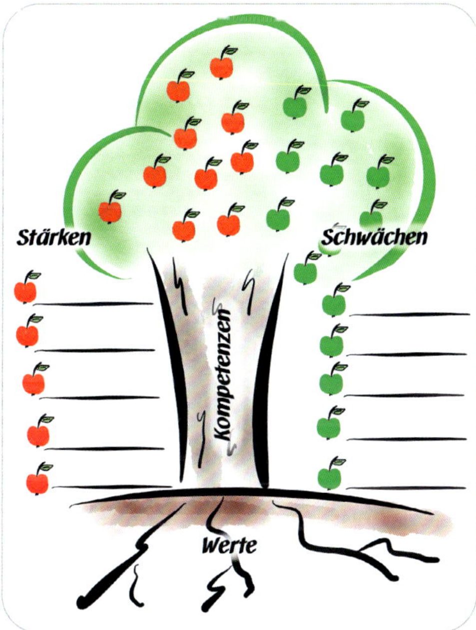

Bekannte Bilder mit Inhalten zu kombinieren sichert die Nachhaltigkeit. So lässt sich eine einfache Chancen-Risiken-Matrix mit dieser Metapher visuell unterstützen. Meine Erfahrung als Moderator hat gezeigt, dass zeichnerisch dargestellte Moderationsaufgaben eine hohe Aktivität bei den Teilnehmerinnen und Teilnehmern bewirken.

Die wohl bekannteste Vier-Felder-Matrix ist die SWOT-Analyse (Strengths / Stärken, Weaknesses / Schwächen, Opportunities / Chancen und Threats / Gefahren).

Diese Matrix ist ein Werkzeug des strategischen Managements, wird aber auch für formative Evaluierungen und Qualitätsentwicklungen von Programmen eingesetzt. Mit dieser einfachen und flexiblen Methode werden sowohl innerbetriebliche Stärken und Schwächen als auch externe Chancen und Gefahren betrachtet, welche die Handlungsfelder des Unternehmens betreffen.

Aus der Kombination der Stärken-Schwächen-Analyse und der Chancen-Gefahren-Analyse kann eine ganzheitliche Strategie für die weitere Ausrichtung der Unternehmensstrukturen und der Entwicklung der Geschäftsprozesse abgeleitet werden. Entscheidend für den Erfolg sind immer konkrete und am Ziel ausgerichtete Maßnahmen, die konsequent umgesetzt werden müssen.

Um sich selbst gegenwärtige Situationen besser veranschaulichen zu können, sollten Sie dieses Bild verwenden. An eine konkrete Situation angepasste Feldbezeichnungen eröffnen die Chance, aus unterschiedlichen Blickwinkeln neue Erkenntnisse zu erhalten.

Maßnahmen planen

Aufgrund der Themenbearbeitung sind in der inhaltlich letzten (der fünften) Phase einer Moderation die Ergebnisse in konkrete Maßnahmen umzusetzen. Dazu müssen sich die Teilnehmerinnen und Teilnehmer einigen, welche angedachten Ideen oder Lösungen sie weiterverfolgen. Dies ist notwendig, um

- eine Struktur für die weitere Umsetzung zu schaffen,
- die Realisierung sichtbar zu dokumentieren
- und um Verantwortlichkeiten und Termine zu fixieren.

In ihrer kürzesten Form enthält eine klassische To-do-Liste Antworten auf die Fragestellung „Was macht wer bis wann?“. Erweiterte Formen um die Dimensionen „Mit welchem Ziel“ oder „Ab wann und an wen erfolgt eine Rückmeldung?“ sind je nach Bedarf und Sinnhaftigkeit wählbar.

Maßnahmenplanung:
Meine persönliche Empfehlung lautet **„WWW.DANN“.** Dieses Kürzel steht für „Was macht wer bis wann und was passiert dann?“. Finden die Teilnehmer/innen keine Antwort auf den letzten Teil der Frage, ist die Maßnahme zwecklos und kann sofort wieder gestrichen werden. Mit diesem kleinen Trick wird der Nutzen einer Maßnahme für alle ersichtlich. Damit steigern Sie die Motivation der Teilnehmer/innen, die gewählten Aktionen auch durchzuführen. Denn man weiß: Papier ist geduldig.

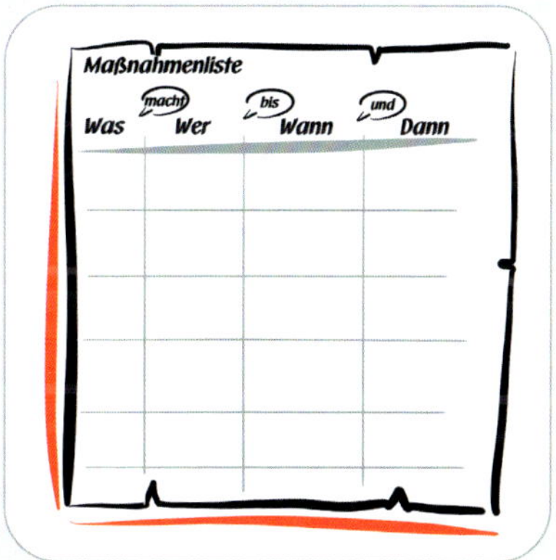

Im Sinne der visuellen Moderation werden die Ergebnisse der einzelnen Moderationsphasen zusammengefasst und als vollständiges Bild dargestellt. Somit werden die wichtigsten Inhalte und Maßnahmen als gesamtes Prozessbild auf den Punkt gebracht.

Hier noch ein Beispiel aus dem Bereich Produktmanagement und Vertrieb. Sie können sich sicher sein, dass alle Teilnehmer/innen jedes einzelne Symbol auch Monate später richtig interpretieren können.

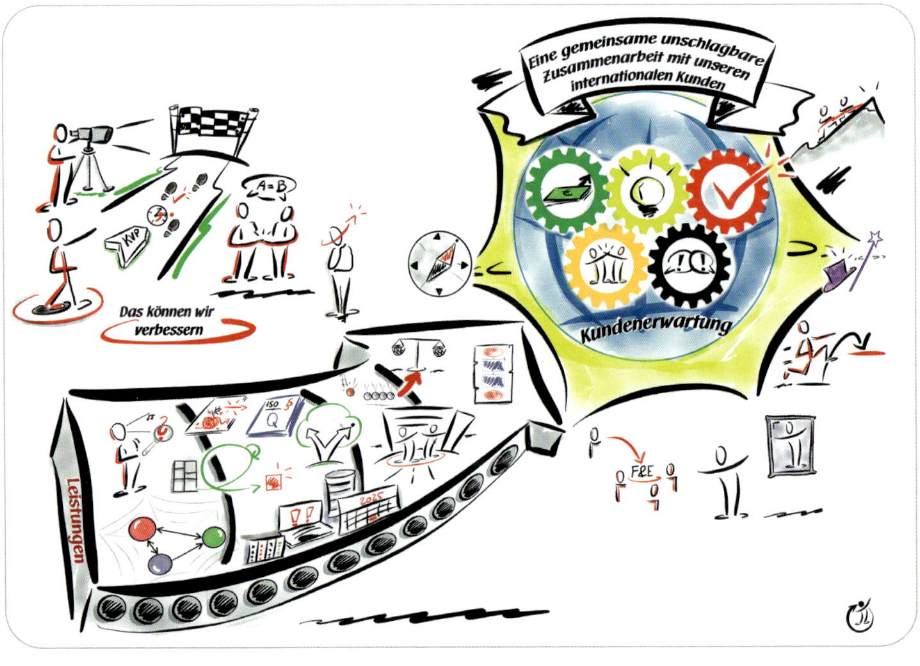

Moderationsabschluss

Sind die Durchführungsphasen beendet und liegt das Endergebnis vor, erfolgt in der sechsten Phase die Rückblende auf das Arbeitsergebnis und den Arbeitsprozess. Mit dem Soll-Ist-Vergleich sind die eingangs formulierten Erwartungen und vorgegebenen Ziele dem erreichten Ergebnis gegenüber gestellt. Wichtig ist es auch, den Prozess zu bewerten, der zum Ergebnis geführt hat. Eine kritische Reflektion führt zu künftigen Verbesserungen auf allen Seiten.

„Visuelle Moderation bringt Ergebnisse auf den Punkt!"

FILM AB!

www.trauner.at/story-drawing.aspx

Draw your story!

Menschen sind nicht immer wissbegierig, aber Menschen sind immer neugierig. Sie lieben Geschichten der Wandlung, wie jene vom Tellerwäscher zum Millionär oder vom Frosch zum Prinzen. Jede Unternehmerin/Jeder Unternehmer sollte ihre/seine Gründungsgeschichte immer parat haben. Sie hat oft alle Elemente, die eine gute Geschichte ausmachen. Nämlich einen Helden, eine Vision, Hindernisse, die im Weg liegen, und am Ende den Erfolg.

Auch bei Storys über Produkte oder Dienstleistungen spielen Rückschläge oft eine große Rolle, da sie für die nötige Spannung sorgen. Wie dem auch sei, gute Storys zu erzählen ist eines, aber zu einer guten Story auch die richtigen Visualisierungen zeigen zu können, das ist der Gipfel des Erfolgs. Der CEO eines weltweit erfolgreichen Unternehmens sagte seinerzeit zu mir:

> „Ich kann die Geschichte erzählen, aber wenn ich ein Bild dazu habe, dann versteht sie auch jeder!"

Ich bekam den Auftrag, seine Visionsstory zu zeichnen. Dieses Bild wurde bei der darauffolgenden Strategieklausur präsentiert.

Mit Bildern haben Storys eine sehr nachhaltige Wirkung. Sie erinnern sich doch auch bestimmt noch an Ihre liebsten Gutenachtgeschichten, oder?

» Verpacken Sie Ihre selbst gezeichneten Symbole und Darstellungen in eine spannende Story und Ihre Präsentation wird unvergesslich! «

Falls Sie sich noch die Frage stellen, ob Storys einen wirtschaftlichen Sinn ergeben und unternehmerisch verwertbar sind, dann erinnern Sie sich doch an folgenden Slogan:

» The Future is Yours: #glaubandich «

Anlässlich des 200-jährigen Jubiläums malt sich die österreichische Sparkassen-Gruppe den Beginn ihrer Story aus. 1819 bekommt Marie Schwarz, ein zwölfjähriges Mädchen aus ärmlichen Verhältnissen, ein kleines Heft überreicht. Darin vermerkt sind zehn Gulden als Starthilfe für ein besseres Leben. Überreicht wird ihr das erste Sparbuch von Johann Baptist Weber, Priester und Gründer des mittlerweile größten österreichischen Finanzunternehmens, mit den Worten: „Spare jetzt für deine Zukunft!"

Auch der Slogan „Weil jede Bewegung zählt! Fit for your Future" gibt Hinweis darauf, dass eine Marke mit Bedeutung viel erfolgreicher ist als andere. Daran sehen Sie: Es macht Sinn, in eine Story zu investieren.

Eine Story will gut geplant sein

Doch wie geht man es an? Spannend und packend sollen Präsentationen sein und nicht, wie häufig zu beobachten, trocken und langweilig. Die Übersetzung von fachlichen und komplexen Inhalten in sichtbare Zusammenhänge erfordert eine kreative Art des Denkens und der Vorbereitung.

Eine gute Vorbereitung wird nicht den Erfolg Ihrer Präsentation garantieren, aber kaum eine Präsentation wird erfolgreich sein, wenn diese nicht bis ins Detail vorbereitet ist.

Story-Planung:

Story Making
Konzipieren Sie eine spannende Geschichte.

Story Creating
Finden Sie beschreibende Symbole und formen Sie diese zu einem gesamten Bild.

Storydrawing
Präsentieren und visualisieren Sie Ihre Story vor Publikum.

Auf drei Fragen benötigen Sie zunächst eine Antwort:

- Warum?
- Wie?
- Was?

Wir beginnen beim Warum: Schreiben Sie eine Story über etwas. Finden Sie eine Antwort auf die Frage: „Welche Bedürfnisse/Welchen Nutzen hat Ihre Zielgruppe?“ Die Frage nach dem Warum beinhaltet den emotionalen Teil der Story, um die Zielgruppe zu begeistern, zu emotionalisieren und zu fesseln.

Hier einige Möglichkeiten:

- Warum gibt es das Unternehmen?
- Warum existiert die Marke?
- Warum gibt es das Produkt?

- Warum ist es wichtig, eine Lösung für ein bestehendes Problem zu finden?
- Welches Erfolgskonzept gibt es?
- Welches Sicherheitsproblem wird damit gelöst?
- Welche Kompetenzsteigerung wird damit erreicht?
- Warum sind die vorgeschlagenen Maßnahmen notwendig?

Das Warum einer erfolgreichen Story sollte im besten Fall eine Veränderung im Tun auslösen. Wenn die Zielperson als Folge Ihrer Präsentation z. B. einen Antrag genehmigt, Ihrer Meinung zustimmt, von Ihren Empfehlungen überzeugt ist oder ein Produkt bei Ihnen kauft, dann hat Ihre Story etwas bewirkt – nämlich eine Verhaltensänderung.

Das Publikum soll zumindest das Denken über ein bestimmtes Thema ändern, was wiederum zu einem geänderten Handeln in der Zukunft führen kann. In diesem Sinne kann eine Story auch darauf zielen, bestehende Einstellungen zu verändern oder neue Einsichten zu vermitteln.

Das Wie gibt Auskunft über den Aufbau und die Struktur unserer Präsentation. Eine Story ist aufgebaut wie ein Dreiakter. Man erzählt, wie und warum sich Dinge ändern. Meist beginnt die Story mit einer bestimmten Situation. Plötzlich geschieht etwas Unvorhersehbares, eine Sache eskaliert, ein Problem entsteht oder eine Situation ist außer Kontrolle. Diese Veränderung bewirkt einen Richtungswechsel. Jetzt wird alles getan, um die Ordnung wiederherzustellen. Welche Entscheidungen werden getroffen, welche Handlungen werden durchgeführt, wie wird mit Hindernissen umgegangen?

All diese Fragen bewirken Aufmerksamkeit. Nach und nach nähert sich die Story ihrem Höhepunkt. Ist dieser Höhepunkt erreicht, erfolgt ein Wechsel. Aus einer Misere lernt man und daraus entwickelt sich ein Erfolgskonzept, oder eine Kundenreklamation führt zu einer innovativen Produktentwicklung. Auch die Änderung einer Sicht- und Betrachtungsweise ist ein Wendepunkt. Seither sehe ich die Welt mit anderen Augen. Am Ende wird die neue Situation aufgezeigt, die am Anfang gestellten Fragen beantwortet und eine klare Botschaft vermittelt.

Was für ein Produkt, welche Dienstleistung oder welche Problemlösung. Das Was kommt erst am Ende der Story. De facto stellt das Was eine Lösung, die Auflösung eines Problems, einen Lösungsvorschlag oder den USP dar.

Das Publikum bekommt dadurch

- eine Wissenserweiterung,
- neue Ideenansätze,
- neue Wege für Projekte und Produkte,
- Einblicke über Entwicklungspotenziale,
- Möglichkeiten, um eine Gewinnmaximierung zu erreichen,
- konkrete Maßnahmen für eine Kostenreduktion,
- Kenntnisse über neue Strategien zur Effizienzsteigerung,
- einen Überblick über Maßnahmen für eine Produktverbesserung.

Um die Spannung und die Dramaturgie aufrechtzuerhalten, geht man im Storytelling den Umweg über einen Wendepunkt. Der Unterschied zu einer herkömmlichen Präsentation ist schnell erklärt:

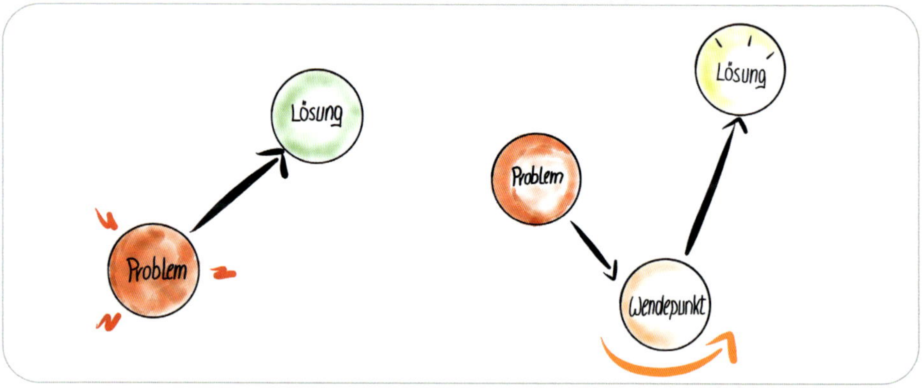

Zielgruppe

Zum guten Storytelling gehört die Definition der Zielgruppe. Eine möglichst genaue Kenntnis über die Zielgruppe ist ebenso wichtig wie ein klares Ziel und das Aufzeigen des Nutzens für die Zielgruppe. Dabei geht es nicht nur um die Anzahl der teilnehmenden Personen, sondern vor allem um den Wissens- und Interessensstand zum Thema.

Es geht aber vor allem darum, zu wissen, wer im Zuhörerkreis die Entscheider und Entscheidungsbeeinflusser sind, die über Ihre Botschaft zu befinden haben. Halten Sie sich immer vor Augen, dass Sie mit Ihrer Story etwas ganz Konkretes bezwecken wollen

Rahmenbedingungen

Zu den wichtigen Rahmenbedingungen jeder Präsentation gehören die zur Verfügung stehende Zeit, der Veranstaltungsort und die dort bereitstehende Technik samt Medien. Auch wenn die meisten Vortragsräume in der Regel alle Voraussetzungen für eine erfolgreiche Präsentation bieten, sollten Sie die Sitzordnung und die benötigten Mittel vorher klar definieren. Im besten Fall überzeugen Sie sich rechtzeitig selbst vom tatsächlichen Vorhandensein und der Funktionalität der Technik. Vergessen Sie nicht auf das Worst-Case-Szenario. Mein eigenes Equipment bereitzuhalten hat mir schon des Öfteren eine Präsentation gerettet. Denn dass Medien zur Verfügung stehen, bedeutet in der Praxis nicht immer, dass diese auch funktionieren. Achten Sie bei der Verwendung unterschiedlicher Medien auf einen barrierefreien Medienwechsel! Zwischen den einzelnen Medien sollten sich weder Kabel noch Tische oder sonstiges Equipment befinden. Das ermöglicht einen stolperfreien Zugang.

Die Art der Story

Welche Art von Story soll erzählt werden? Eine wahre Geschichte oder doch nur eine gut erfundene? Wie auch immer, Menschen lieben gute Geschichten.

Produktstory:
Sie informiert über eine Produktentwicklung oder über Produkteigenschaften.

Unternehmensstory:
Sie schildert die Entwicklung eines Unternehmens.

Veränderungsstory:
Sie gibt Einblick in wichtige Veränderungen.

Markenstory:
Sie handelt von der Entwicklung einer Marke.

Referenzstory:
Sie handelt von den Erfahrungen von Kunden mit einem konkreten Produkt oder einer Dienstleistung.

Erfahrungsstory:
Sie wird von Kundinnen und Kunden oder Mitarbeiterinnen und Mitarbeitern erzählt. Diese schildern, welche Erfahrungen sie im Unternehmen, mit dem Produkt oder mit der Marke machen durften. Im Gegensatz zur Referenzstory ist die Erlebnisstory inhaltlich weniger konkret.

Storydrawing – zeigen Sie, was Sie zu sagen haben

Gute Storys entstehen durch zielstrebige Akteure, unabhängig davon, ob es sich dabei um reale Menschen oder um erfundene Personen handelt. Sie sollten Teil der Zielgruppe bzw. für die Zielgruppe interessant und relevant sein. Wichtig sind die Emotionen der Figuren. Informationen, welche beim Publikum Emotionen wecken, bleiben länger im Gedächtnis. Am einfachsten weckt man das Interesse für seine Story, wenn die Figuren ein glaubwürdiges Motiv und ein starkes Ziel haben. Dann verfolgt das Publikum interessiert, ob es den Figuren gelingt, ihr Ziel zu erreichen.

» Eine gute Story braucht einen Helden, einen Schurken und einen Wendepunkt! «

Produktstory

Eine Story zu erzählen ist eines, sie zu zeigen etwas anderes, sie live zu zeichnen das Größte. Die Schrittfolge zum Dreiklang ist Text – Symbole – Bild. Beginnen Sie mit einer textlichen Darstellung.

Eröffnung:
Stellen Sie Ihren Helden vor und beschreiben Sie sein Problem. In welcher Situation befindet er sich? Gehört er zu einer speziellen Zielgruppe? Was ist zu tun? Er macht erste Versuche, sein Problem zu lösen.

Hauptteil:
Bei dem Versuch, das Problem zu lösen, muss der Held einige Hindernisse überwinden.

Abschluss:
Die Ereignisse spitzen sich zu und am Ende ist unser Held erfolgreich – oder auch nicht. Dann aber wäre die Tragödie perfekt ...

Nächster Schritt Symbole: Sammeln Sie für die Kerninformationen jeweils ein passendes beschreibendes Symbol. Denken Sie daran: Weniger ist mehr! Die Symbole entsprechend der Erzählreihenfolge aneinandergereiht ergeben somit ein fertiges Gesamtbild. Die folgenden Beispiele sollen das verdeutlichen.

Beispiel: Paul und sein neuer Laptop

Paul ist Student und will sich einen neuen Laptop kaufen. Preisgünstig natürlich und am neuesten Stand der Technik soll er sein. Nun ist er auf der Suche im Internet. Aber ist das so eine gute Idee?

„Das ist die Geschichte von Paul. Er studiert im ersten Semester Marketing und Sales in Graz. Nun will er sich endlich einen neuen Laptop kaufen und sucht deshalb im Internet nach einem passenden Angebot.

Paul ist verwirrt. Es gibt so viele Internetseiten zur Auswahl! Er weiß nicht, welcher Seite er trauen darf und wo er die besten Angebote findet. Schließlich wäre er nicht der Erste, der einem unseriösen Anbieter auf den Leim geht.

Die Lösung für Pauls Problem: ‚MeinLap' – das zertifizierte Portal für Computer mit speziellen Angeboten für Studierende. Hier findet Paul die besten und günstigsten Angebote auf einen Blick. Da auf ‚MeinLap' nur zertifizierte Anbieter inserieren dürfen, kann er sich bei jeder Entscheidung sicher fühlen. Das Besondere: Die Detektiv-App beobachtet passende Angebote und schickt diese, sobald sie online gestellt werden, direkt an Pauls Handy. Hey, that's easy!

Paul ist begeistert. Sein Problem war rasch gelöst und nun hat er seinen neuen Laptop. Er ist damit sehr zufrieden und das Studium macht jetzt noch mehr Spaß. Dank ‚MeinLap' ist die zeitaufwendige Suche im Internet vorbei. Besuche uns jetzt und finde die besten Angebote für alle Studierenden, Schüler/innen und Lehrer/innen auf MeinLap.com."

»Ob Flipchart, PowerPoint, Tablet oder digitales Board, Storydrawing ist universell einsetzbar.«

Wir kommen zur nächsten Geschichte: Hier geht es um ein etwas komplexeres Produkt, nämlich um ein kompaktes Mikrorechenzentrum.

Folgende Fragen unterstützen bei der Entwicklung der Geschichte:

- Warum wurde das Produkt entwickelt?
- Warum sieht das Produkt heute so aus?
- Warum soll jemand das Produkt kaufen?
- Warum soll jemand das Produkt genau bei Ihnen kaufen?

Beispiel: Das kompakte Rechenzentrum

Peter ist IT-Manager und hat seit geraumer Zeit ein Problem: wenig Budget, keine Zeit und keine ausreichende physikalische Sicherheit für sein Rechenzentrum. Nun ist er auf der Suche nach einer Lösung. Wird er sie finden?

„Peter ist verantwortlich für den reibungslosen Betrieb der IT. Er muss dafür sorgen, dass seine IT-Komponenten kostensparend betrieben und optimal versorgt werden sowie darüber hinaus permanent verfügbar sind. Daher muss er immer auf dem Laufenden bleiben.

Peter muss sich nebenbei mit so vielem beschäftigen. Seine Gedanken kreisen vor allem um die optimale Klimatisierung, die unterbrechungsfreie Stromversorgung, den Brandschutz sowie den geregelten Zutrittsschutz. Zudem muss alles normgerecht und aufeinander abgestimmt sein. Manchmal ist es wirklich zum Verzweifeln.

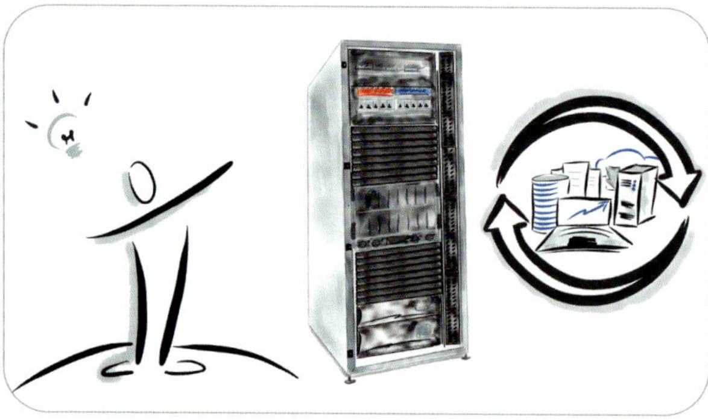

Die Lösung für Peters Problem: Die ALLINFRA-Box. Das ist ein kompaktes, steckerfertiges Mikro-Rechenzentrum, in das die gesamte technische Infrastruktur integriert ist und das noch genug Platz für seine IT lässt.

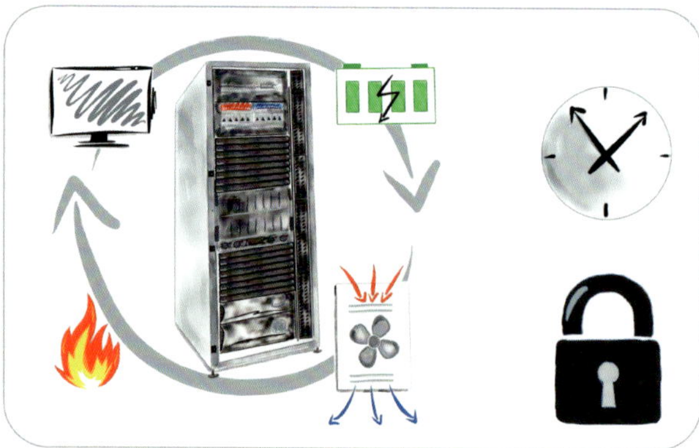

Die optimal aufeinander abgestimmte Infrastruktur garantiert eine hohe Verfügbarkeit rund um die Uhr und ist zudem vor Fremdzugriff geschützt. Durch den effizienten Betrieb schont Peter auch sein IT-Budget.

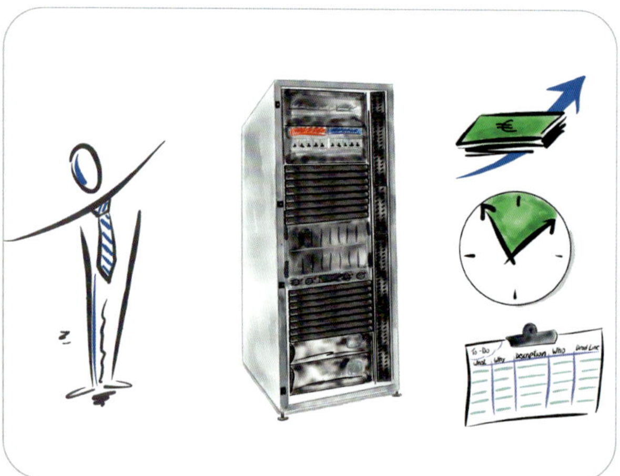

Peter ist wirklich begeistert. Mit dieser Lösung ist er auf der sicheren Seite und am neuesten Stand der Technik. Durch dieses kompakte Rechenzentrum spart Peter Geld, eine Menge Zeit und er kann sich nun anderen wichtigen Aufgaben widmen. Sorgen daher auch Sie für eine hohe physikalische Sicherheit bei Ihrer IT und kontaktieren Sie uns!“

Unternehmensstory

Unternehmer/innen sollten ihre Gründungsstory immer parat haben. Sie erklärt, warum wir genau das tun, was wir tun. Es geht hier um eine wahre Geschichte, die ganz oder in Auszügen die Entwicklung eines Unternehmens schildert. Eine Unternehmensstory wird oft entlang wichtiger Ereignisse, sogenannter Meilensteine erzählt. Eher selten wird dabei von Rückschlägen berichtet.

Folgende Fragen stehen am Beginn:

- Haben Sie eine griffige Headline?
- Woher kommt Ihr Unternehmen und was war die zentrale Gründungsidee?
- Darstellung der derzeitigen Situation: Was zählt zu den zentralen Tätigkeitsbereichen?
- Was zählt zu Ihrem Kerngeschäft?
- Welche Produkte und Dienstleistungen bieten Sie an?
- Was ist Ihr USP?
- Was ist Ihre Kernbotschaft?

Beispiel: Symbolfactory – Wir bringen Ihre Ideen visuell auf den Punkt

„Viele Unternehmer/innen kennen das Problem, wenn es darum geht, das eigene Unternehmen zu repräsentieren. Kunden verlieren schnell die Aufmerksamkeit, stellen keine Fragen und finden die Präsentation sowieso zu allgemein. Zwar nicken sie noch freundlich, aber letztendlich kommt es zu keinem Vertragsabschluss. Wieder einmal verlorene Zeit.

So erging es auch lange Zeit dem Unternehmer Constantinus. Er hatte auch das Problem, dass sich seine unternehmerischen Inhalte nicht in die Köpfe seiner potenziellen Kunden einprägten. Eines Tages aber sah er im Internet das Kurzvideo der Symbolfactory. In diesem kurzen Videoclip wird eindrucksvoll veranschaulicht, wie man mit einfachen Symbolen komplexe Inhalte erfolgreich darstellen kann. Genau das wollte Herr Constantinus auch. So wandte er sich an uns.

Die Symbolfactory wurde 2010 gegründet und entstand aus der genialen Idee heraus, schneller zeichnen als schreiben zu können. Um dieses Ziel zu erreichen, wurden erfolgbringende Methoden und Techniken entwickelt.

So ist es uns gelungen, viele ansprechende und einzigartige Unternehmens- und Produktpräsentationen zu erstellen. Heute sind wir an dem Punkt angekommen, wo wir kundenspezifische Symbole per Hand auf analogen und digitalen Medien gleichermaßen wirksam visualisieren können.

Zahlreiche Referenzprojekte untermauern unseren Erfolg. So konnten wir auch für Herrn Constantinus eine digitale unternehmensspezifische Symbolsammlung erstellen. Er und alle seine Kunden sind seither begeistert.

Herr Constantinus kann jetzt alle seine Symbole bei Präsentationen, Besprechungen sowie auf der Homepage seines Unternehmens verwenden. Seither hat er die volle Aufmerksamkeit bei seinen Präsentationen, spart viel Zeit und konnte damit auch seinen Unternehmensgewinn steigern.

Und das ist das Einzigartige an der Symbolfactory. Unsere Symbole wirken dynamisch und sind unverwechselbar. Mit unseren Symbolen werden Präsentationen zu einem echten Hingucker.

Gerne erstellen wir auch für Sie eine Symbolsammlung. Denn wir bringen Ihre Inhalte visuell auf den Punkt und freuen uns, Ihnen ein entsprechendes Angebot legen zu dürfen."

Veränderungsstory

Im konkreten Fall geht es um eine Story über eine geplante Veränderung. Arbeitsweisen, Gewohnheiten und Verhalten in einem Unternehmen zu verändern, das gehört mit Sicherheit zu den herausforderndsten Tätigkeiten einer Führungskraft. Storydrawing bietet uns dafür wirkungsvolle Werkzeuge, um diesen Prozess einzuleiten.

Wenn es um Veränderung geht, berücksichtigen wir folgende Grundsätze:

- Präsentieren Sie etwas Neues und Einfaches.
- Vermeiden Sie die explizite sprachliche Erwähnung der Veränderung in allen ihren Erscheinungsformen. Das Bisherige war nicht falsch oder schlecht, aber es gibt etwas Einfacheres, etwas Neues.

- Die Botschaft muss von den Mitarbeiterinnen und Mitarbeitern handeln, nicht von der Unternehmensführung. Wenn diejenigen, die es betreffen soll, so begeistert von etwas sind, dass sie es als Teil ihrer eigenen Story stolz weitertragen, dann lässt sich der Erfolg kaum mehr verhindern.
- Was ist der Zweck des Neuen und welche Bedeutung, welche Relevanz hat es für die Mitarbeiter/innen?

Unter Berücksichtigung dieser Grundsätze entwickeln Sie die Kernaussagen für Ihre Story.

Verwenden Sie dazu folgende Leitfragen:

- Wo stehen wir als Unternehmen gerade und wohin geht die Reise?
- Was hindert uns daran, unser Ziel zu erreichen?
- Wendepunkt: Welche Opfer müssen wir bringen, um uns langfristig zu einem erfolgreichen Unternehmen zu machen?
- Wie sieht die erfolgreiche Zukunft aus?

Beispiel: AGIL2LEAD – mit einer agilen Arbeitsorganisation werden wir wieder Marktführer!

„Mein Name ist Timo und ich bin seit über zehn Jahren Teamleiter in unserem erfolgreichen Unternehmen. Bereits seit vielen Jahrzehnten produzieren wir erstklassige Produkte und liefern diese an unsere Kunden in der ganzen Welt.

So haben wir es gemeinsam geschafft, unser Unternehmen zu einem der erfolgreichsten in der Branche zu machen. Kürzlich aber mussten wir mit Bedauern feststellen, dass wir unsere Marktführerschaft verloren haben. Zu allem Überfluss auch noch an einen unserer stärksten Konkurrenten. Das bedeutet: Wir müssen handeln!

Täglich produzieren wir strikt nach standardisierten Arbeitsanweisungen unter Einhaltung der strengen Qualitätsrichtlinien.

Dabei kommt es häufig zu Defiziten in der Flexibilität und Kommunikation sowie zu Störungen im Informationsfluss. Die Folgen daraus bekommen wir gerade zu spüren. Geringe Produktionszahlen, hohe Produktionskosten und die sich ständig ändernden Kundenanforderungen führen zu langen Lieferzeiten.

Wie wäre es eigentlich mit einer einfacheren und flexibleren Arbeitsorganisation? Wir könnten damit unser Wissen, unsere Erfahrung und auch unsere Selbstverantwortung verstärkt einbringen. Ich finde, darauf sollten wir künftig alle verstärkt setzen.

Ein flexiblerer Umgang mit sich ändernden Produktanforderungen, eine gesteigerte Produktivität, eine höhere Produktqualität, und das alles bei geringeren Kosten, sichern vor allem auch unsere Arbeitsplätze.

Darum lade ich euch ein, unser Unternehmen ab sofort agil zu gestalten. Diese neue und einfache Form der Arbeitsorganisation ermöglicht uns viele Wettbewerbsvorteile: Damit können wir uns rasch an die sich ständig ändernden Märkte anpassen und erreichen wieder die Marktführerschaft! Wir alle werden mit Trainings und Workshops in das neue System eingeführt und bei der Umstellung unterstützt.

Meine Rolle und jene meiner Kollegen wird sich künftig ändern, denn ‚Command and Control' war gestern.

Ich finde das neue System viel effizienter und handhabbarer als das alte. Einfache Methoden werden unsere Prozesse positiv beeinflussen und wir werden damit erfolgreicher und glücklicher sein als je zuvor. Und wenn wir es sind, dann sind es auch unsere Kunden.

So sichert sich unser Unternehmen in naher Zukunft wieder die Marktführerschaft. Wir sind AGIL2LEAD."

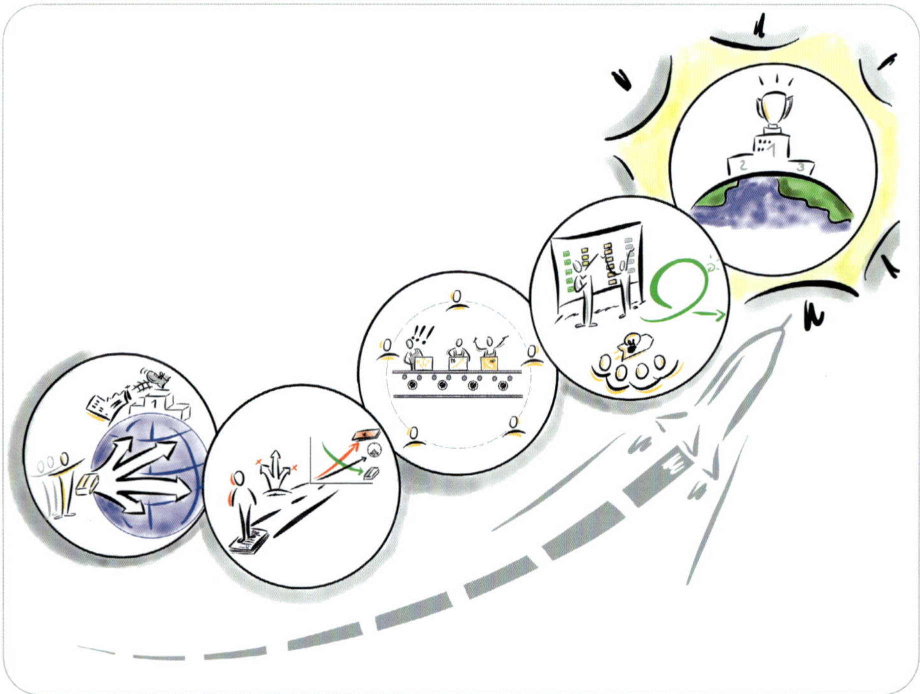

Markenstory

Eine Story, die rund um die Marke aufgebaut wird, kann dieser zu einer echten Identität verhelfen. Die Story bringt Kunden oft erst dazu, der Marke zu vertrauen und sie immer wieder zu wählen. Eine Markenstory vermittelt Menschen ein Bild davon, was die konkrete Marke auszeichnet, wofür sie steht, und sie inspiriert Menschen dazu, selbst aktiv zu werden.

Beginnen Sie mit der Frage, warum Sie das tun, was Sie tun.

- Warum gibt es Ihr Unternehmen/Produkt?
- Was trägt Ihr Unternehmen zur Menschheit bei? / Welche Werte sind Ihnen wichtig?
- Was ist Ihr Auftrag?

Wir kennen alle unzählige Markenstorys aus den täglichen Werbeeinschaltungen im Fernsehen: von Coca-Cola und McDonald's über diverse Automarken wie Mercedes, Audi oder BMW bis hin zu IKEA. Ich möchte hier eine an die beispielgebende Markenstory der Firma IKEA angelehnte Geschichte visualisieren. Denn bei IKEA war und ist Geschichtenerzählen ein fixer Teil der Kommunikationsstrategie.

Beispiel: Der alte Mann und sein Klappsessel

„Ein alter Mann geht Tag für Tag in denselben Park, um dort mit seinen beiden Freunden die Vögel zu füttern und sich etwaige Neuigkeiten zu erzählen. Wie gesagt, jeden Tag um dieselbe Uhrzeit auf derselben Parkbank.

So geht er auch heute wieder in den Park, um dort so wie immer seine Freunde zu treffen, die Vögel zu füttern und die Zeit gemeinsam zu genießen. Doch heute ist sein Platz besetzt. Ein anderer Parkbesucher sitzt auf seinem Stammplatz und liest dort seine Zeitung. Die Parkbank ist voll!

Nach ein paar Momenten der Verwunderung dreht er um und holt sich von zu Hause seinen neuen Klappstuhl.

Er platziert ihn direkt neben der Parkbank und füttert die Vögel. So kann er gemütlich die angenehme Stimmung im Park wahrnehmen. Das bringt ihn schließlich auf die Idee, dass er sich mit dem Stuhl ja überall hinsetzen kann. Aber nicht nur in seinem Park, sondern auf fast jedem Platz auf der ganzen Welt.

So kommt es, dass sich auch seine Freunde einen Klappstuhl kaufen wollen. Na, und wo? Richtig: natürlich bei IKEA."

Referenzstory

Positive Referenzen schaffen Vertrauen. Sie kennen sicher die häufig verwendeten Testimonials in diversen Verkaufsforen, wo Kunden ihre Erfahrungen zur Verfügung stellen. Ebenso lassen sich persönliche Erfahrungen in zündende Storys verpacken. Diese sollen wiederum anderen Personen helfen, richtige Entscheidungen treffen zu können.

Beispiel: Wirkungsvolle PowerPoint-Präsentationen

„Mein Name ist Carina. Ich stand wie jedes Jahr vor einer sehr wichtigen Kundenkonferenz, wo ich technische Informationen über ein neu entwickeltes Produkt knackig und spannend präsentieren sollte. Ziel war es, das Publikum zu teasern, also neugierig zu machen, um in weiterer Folge viele Verkaufsabschlüsse zu erzielen. Als Präsentationsmedium sollte ich PowerPoint verwenden. Der Klassiker in unserem Unternehmen.

Um die Wirkung diesmal nicht zu verfehlen, kauften wir eine speziell für unser Unternehmen maßgeschneiderte Symboldatenbank ein. Nein, keine Standard Cliparts oder Bilder, sondern digital gezeichnete Sketchnotes. Warum das Ganze?

Ganz einfach, weil die vom Marketing vorgegebene Verkaufsstrategie diesmal lautete: ‚Wir stellen unsere Mitarbeiter in den Vordergrund und nicht mehr die unzähligen technischen Details unserer Produkte'. Dazu benötigen wir eine andere Art der Visualisierung.

‚Wie soll das nur funktionieren?' fragte ich mich, ‚und was denken sich unsere Kunden dabei? Schließlich geht es um unsere fachlichen Kompetenzen und nicht um meine persönliche Ausstrahlung oder meine Überzeugungskraft.' Meine Arbeitskollegen und ich, wir hatten keine andere Wahl, die neue Strategie war umzusetzen.

Mit Unterstützung eines externen Beraters begann ich, die Inhalte meiner Präsentation zu reduzieren, neu zu strukturieren und mit den angekauften Sketchnotes zu visualisieren. So ganz nach dem Motto: ‚Weniger ist mehr, noch weniger ist noch mehr'. Großteils war ich richtig perplex darüber, wie schwierig es manchmal sein kann, viele technische Details auf das Wesentliche zu reduzieren.

Schlußendlich konnte ich mit nur wenigen Slides meine 20-minütige Präsentation durchführen. Der Erfolg war wirklich nicht zu übersehen! Eine hohe Aufmerksamkeit, großes Interesse an unseren neuen Produkten und zahlreiche Anfragen waren die Folge. Ganz nebenbei bekam ich auch anerkennende Rückmeldungen von unserer Geschäftsführung. Ich kann Ihnen daher aus eigener Erfahrung die Leistungen der Firma Mustermann nur wärmstens empfehlen.

Durch die fachmännische Erstellung unserer Symboldatenbank mit ansprechenden Sketchnotes und die professionelle Begleitung bei der Erstellung unserer PowerPoint-Präsentationen konnten wir unseren Unternehmenserfolg wesentlich steigern."

Erfahrungsstory

Die Erfahrungsstory spiegelt persönliche Erinnerungen und Empfindungen von Erlebtem wider. Sie ist daher subjektiv und deckt sich nicht immer mit der Realität. Autoverkäufer zum Beispiel schildern gerne bildhaft, um nicht zu sagen höchst emotional, die Vorteile und den überragenden Fahrkomfort eines Fahrzeugs aufgrund ihrer selbst gemachten Erfahrungen. Gerade dieser persönliche Zugang überzeugt uns häufig. So lassen sich auch trockene Berichte mit Emotionen verknüpfen – und daraus kann eine mitreißende Story entwickelt werden.

Der Jahresbericht als Erlebnis

Die Durchführung einer Präsentation nach bewährten Methoden und Strukturen ist grundsätzlich nichts Negatives. Jährliche Strategieklausuren, regelmäßige Geschäftsbesprechungen und der wöchentliche Jour fixe vertragen jedoch auch mal etwas anderes. Vor allem, wenn es darum geht, neue Geschäftsimpulse oder Projektideen darzustellen, braucht es eine knackige Story. Ebenso bei der Präsentation des Jahresberichts. Man vergisst dabei oft, dass es der Geschäftsführung nicht darum geht, Probleme darzustellen, sie will Lösungen! Es geht in erster Linie darum, Vertrauen aufzubauen und Entscheidungen zu initiieren.

Hier einige Leitfragen für Ihre Standpunktpräsentation:

- Wo stehen wir als Unternehmen gerade und wohin geht die Reise?
- Eine Story ohne Schurke (Problem) ist keine Story. Also: Was hindert uns daran, unsere Ziele zu erreichen?
- Wendepunkt: Welche Opfer müssen wir bringen, um langfristig ein erfolgreiches Unternehmen zu sein?
- Man erwartet sich von Ihnen einen klaren Standpunkt und dessen Begründung. Daher die Antwort auf die Frage: Wie sieht die erfolgreiche Zukunft aus?

Versuchen Sie, auf das vielerorts übliche betreute Lesen, sprich „Death by PowerPoint“ zu verzichten. Visualisieren Sie Ihre Story mit einfachen und verständlichen Symbolen, sodass diese auch ohne PowerPoint funktionieren würde. Es gilt der Grundsatz „Anders als die anderen“. Denn wer gefallen will, gefällt nicht!

„Präsentieren Sie keine Berichte, sondern Lösungen!“

Beispiel: Die neue Vertriebsstrategie

„Vor genau einem Jahr hatten wir uns geeinigt, unsere Verkaufsstrategie den Zielvorgaben entsprechend zu adaptieren und praktikabel umzusetzen. Ich weiß, manche unter uns hatten gewisse Zweifel, ob unser Vertriebsteam in der Lage sein würde, die zugegebenermaßen hohen Vorgaben zu erreichen.

Ich freue mich darüber, heute feststellen zu dürfen, dass wir die Weichen richtig gestellt haben. Das bestätigen die aktuellen Zahlen.

> „Kommen Sie ohne große Umwege auf den Punkt, an dem es spannend wird!“

Blicken wir zurück: Erstmals in der Unternehmensgeschichte kam es zu einem massiven Umsatzrückgang, der durch die Folgen der COVID-19-Pandemie ausgelöst wurde. Plötzlich waren wir gezwungen, unsere Vertriebswege neu zu definieren, Materialkosten zu senken, Reisekosten zu reduzieren und unsere Produktivität zu erhöhen.

Wir haben diese Ziele erreicht! Die Materialkosten sind um 15 Prozent gefallen, die Reisekosten haben wir aufgrund der eingeführten digitalen Kommunikationsformen halbiert und parallel dazu die Produktivität um satte 30 Prozent gesteigert.

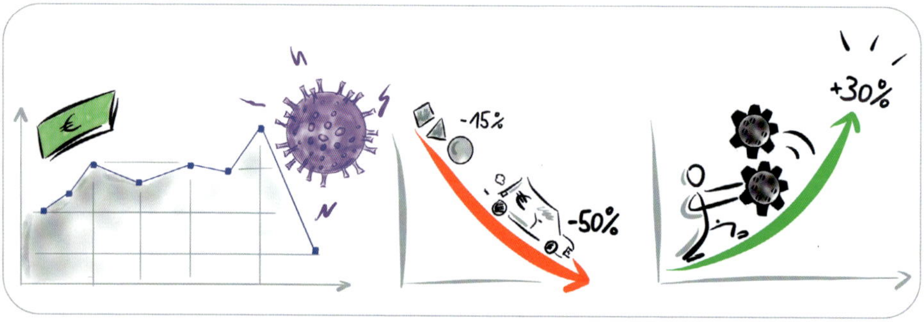

„Signalwörter wie erstmals, plötzlich oder auf einmal steigern die Dramaturgie.“

Unsere Vertriebsstrategie beruht heute auf mehr Flexibilität, einem umfangreichen Mix an persönlichen und digitalen Vertriebswegen und auf einem hohen Digitalisierungsgrad der optimierten Prozesse. Auch unsere gesteigerten Marketingaktivitäten bewirkten eine höhere Nachfrage.

„Mit der Darstellung von Abläufen und Zusammenhängen geben Sie Orientierung und bewirken Klarheit.“

Jetzt ist es wichtig, unseren erfolgreichen Weg zu festigen. Eine Frage stellt sich allerdings noch: ‚Wie können wir künftig mehr Innovationen hervorbringen, um die sich ständig ändernden Kundenanforderungen erfüllen zu können und vor allem auch, um neue Produkte entwickeln zu können?‘

„Setzen Sie an der richtigen Stelle offene Fragen ein.“

Dazu hatte unser geschätzter Kollege, Herr Albert aus der Produktion, eine grandiose Idee: Wir implementieren in unser bestehendes Ideenmanagement monatliche Innovation-Workshops. Die Ergebnisse werden Sie mit Sicherheit begeistern.

„Machen Sie andere zum Star!“

Zusammengefasst die wichtigsten Punkte der diesjährigen Berichtspräsentation:

- Wir haben unsere hochgesteckten Ziele erreicht.
- Unsere Vertriebsstrategie hat sich bewährt und wird fortgesetzt.
- Wir werden künftig mehr Innovationen auf den Markt bringen.

Ich bedanke mich für die vertrauensvolle Zusammenarbeit. Besonders schätze ich, dass neue Herausforderungen für unser Unternehmen der Zündstoff sind, unseren leistungsstarken Vertriebsmotor weiter aufzufrisieren.

Starten wir in eine erfolgreiche und innovative Zukunft!“

„Behalten Sie Ihre Botschaft im Blick!“

Beispiel: Lisa am Weg zu ihrer vorwissenschaftlichen Arbeit

Lisa ist in der 7. Klasse und muss im Zuge der Zentralmatura ihre Vorwissenschaftliche Arbeit (kurz: VWA) schreiben. Doch sie steht vor vielen neuen Herausforderungen. Man kann hier ruhig behaupten, Lisa ist völlig überfordert. Was ihr jetzt wirklich helfen kann, ist eine Übersicht über die Schritte, die für die Erstellung der VWA notwendig sind.

„Die erste große Hürde für Lisa ist es, ein passendes Thema für ihre schriftliche Arbeit zu finden. Es gibt einfach zu viele Möglichkeiten.

Also nimmt sich Lisa ein Blatt Papier und listet in einer Mindmap all die Themen auf, die sie besonders interessieren. Lisa macht in ihrer Freizeit sehr gerne Sport. Schon als sie klein war, stellte sie sich immer wieder die Frage: „Welche Auswirkungen hat Sport auf unser Gehirn?“ Genau das ist es! Über dieses Thema will Lisa schreiben und mehr darüber erfahren. Wichtig ist es, das Thema inhaltlich zu begrenzen. Daher beschränkt Lisa ihr Thema auf „Die Auswirkungen von Tanz auf die kognitiven Fähigkeiten des Menschen“. Somit ist der erste wichtige Schritt gesetzt.

Jetzt gilt es, eine Betreuungsperson zu suchen. Davor aber sieht sie sich in der Bibliothek und im Internet um, ob es auch genügend Literatur zu ihrem Thema gibt. Dort findet sie einige passende Bücher und bringt diese auch gleich zum Erstgespräch mit ihrer Sportprofessorin mit.

Gemeinsam wird ein Zeitplan für Besprechungen und die Abgabe der einzelnen Kapitel erstellt. In den nächsten Wochen arbeitet Lisa fleißig an der Ausformulierung des Themas, indem sie die wichtigsten Leitfragen definiert. Zusätzlich erstellt sie eine erste Gliederung ihrer Arbeit, bevor das Thema in der VWA-Datenbank eingereicht wird. Kurz darauf endlich der positive Bescheid, dass ihr Thema offiziell bewilligt wurde. Jetzt kann sie mit dem Schreiben so richtig loslegen!

Doch der erste Satz fällt Lisa besonders schwer. Ein wichtiger Tipp von ihrer Professorin: Man muss nicht unbedingt mit dem ersten Kapitel beginnen. So macht es Lisa zunehmend Freude, viel über ihr Thema zu erfahren und sie vertieft sich in die spannende Literatur. Auch das Zitieren ist für Lisa Neuland. Zitate sind wichtig, denn wer fremde Texte nicht zitiert, begeht geistigen Diebstahl!

Es ist angerichtet! Nach den Semesterferien der 8. Klasse hat Lisa die fertige VWA abgegeben. Ein tolles Gefühl der Erleichterung stellt sich bei ihr ein."

Drei Tipps möchte Lisa anderen noch mitgeben:

- Behalte immer deine Leitfrage und den roten Faden im Auge!
- Fang früh genug an, so ersparst du dir viel Stress!
- Überzeuge mit einer kreativen Präsentation!

Zeichnungen und Geschichten haben Menschen schon immer begeistert. Storydrawing ist die Verschmelzung von Wort und Bild. Setzen Sie diese Methode mit Freude und gewinnbringend im Daily Business ein und der Erfolg kommt ganz von alleine!

Ich würde mich freuen, wenn es mir gelungen ist, Sie zur Anwendung von Storydrawing zu inspirieren und drücke Ihnen für die Umsetzung fest die Daumen.

Resümee

Ziel dieses Buches war es, Methoden und Techniken zu vermitteln, wie Sie Ideen und fachliche Inhalte visuell auf den Punkt bringen können. Unabhängig vom Medium – analog oder digital – können Sie mit wenigen Strichen Gesagtes in ausdrucksstarke Bilder verwandeln. Als Antwort auf die Frage, ob dieses Buch auch für Nichtzeichner geeignet ist, gebe ich ein klares Ja. Durch die Gliederung der visuellen Kommunikation und die Einhaltung wichtiger Gestaltungsregeln ist ein strukturierter Aufbau einer Visualisierung möglich geworden.

Die wichtigsten Grundsätze für die visuelle Kommunikation sind:

Text	Schreiben Sie so wenig wie möglich!
Farbe	Treiben Sie es nicht zu bunt!
Symbole	Reduzieren statt konstruieren!
Bilder	Bringen Sie damit Einzelinformationen in einen logischen Zusammenhang!

Die Tipps und Tricks zur plakativen Gestaltung von Flipcharts bis hin zur Auswahl anwenderfreundlicher Apps sollten Ihnen eine wertvolle Hilfestellung geben. Ebenso die Darstellung vieler Visualisierungsbeispiele in den unterschiedlichsten Anwendungsbereichen.
Auch wenn nicht alle Möglichkeiten im Detail diskutiert wurden, wie beispielsweise das Skribbeln mit PowerPoint und OneNote oder der Einsatz von interaktiven Whiteboards unter Berücksichtigung der technischen Eigenschaften, die hier gezeigte Visualisierungstechnik ist überall anwendbar. Ich behaupte: Mit diesem Buch werden Sie künftig in vielen Bereichen erfolgreicher sein. Vor allem wenn es darum geht, Informationen visuell auf den Punkt zu bringen. Und damit meine ich nicht nur berufliche Herausforderungen, sondern auch jene im privaten Bereich. So zum Beispiel beim Spiel Aktivity.

Auf den Punkt gebracht: „DRAW IT! Mit einfachen Strichen zum Erfolg" bewirkt Aufmerksamkeit, schafft Klarheit und macht Inhalte sichtbar.

Wenn jemand künftig zu Ihnen sagen sollte:

„Das kannst Du dir aufzeichnen!",

wird Ihre Antwort lauten:

„Das mache ich gerne!"

Seminarinformationen

Sollte dieses Buch Ihr Interesse geweckt haben, dann stehen wir mit unserem Dienstleistungs- und Seminarangebot gerne zur Verfügung.

Alle Infos:
www.alfons-stadlbauer.at
oder +43 0699 11 397 670

Weitere
Publikationen

Flipchart digital
116 Seiten, Softcover,
17 x 24 cm
EUR 19,90
ISBN 978-3-99033-851-3
www.trauner.at/Buchdetail/22136011?kat=232&hauptkat=Ratgeber

punkt.genau präsentieren
Komplexe Inhalte erfolgreich und punkt.genau präsentieren
208 Seiten, Hardcover,
17 x 24 cm
EUR 34,90
ISBN 978-3-99033-004-3
https://www.trauner.at/Buchdetail/20136641?kat=232&hauptkat=Ratgeber

Kreative Flipchartgestaltung
Kreativ und mit Freude Wissen vermitteln
110 Seiten, Paperback,
A4
EUR 19,90
ISBN 978-3-85499-759-7
https://www.trauner.at/Buchdetail/20186066?kat=234&hauptkat=Ratgeber